DESENHO DE SOM

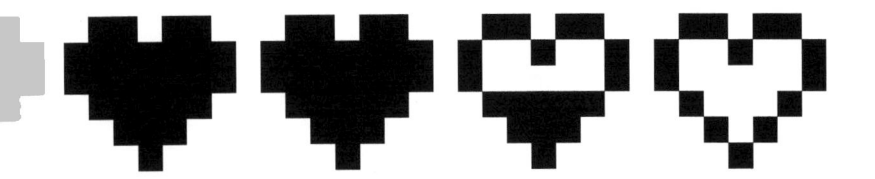

✽ Os livros dedicados à área de design têm projetos que reproduzem o visual de movimentos históricos. Neste módulo, as aberturas de partes e capítulos com *letterings* e gráficos pixelizados simulam a era dos jogos da década de 1980, que se tornaram febre nos fliperamas e levaram à popularização dos consoles domésticos.

DESENHO DE SOM

Ben-Hur Lima Pinto
Camila Freitas Sarmento

intersaberes

inter saberes

Rua Clara Vendramin, 58 . Mossunguê . CEP 81200-170 . Curitiba . PR . Brasil
Fone: (41) 2106-4170 . www.intersaberes.com . editora@intersaberes.com

Conselho editorial
Dr. Ivo José Both (presidente)
Dr. Alexandre Coutinho Pagliarini
Dr.ª Elena Godoy
Dr. Neri dos Santos
Dr. Ulf Gregor Baranow

Editora-chefe
Lindsay Azambuja

Gerente editorial
Ariadne Nunes Wenger

Assistente editorial
Daniela Viroli Pereira Pinto

Edição de texto
Gustavo Piratello de Castro
Mille Foglie Soluções Editoriais
Larissa Carolina de Andrade

Capa
Luana Machado Amaro (design)
maximmmmum/Shutterstock (imagem)

Projeto gráfico
Bruno Palma e Silva

Diagramação
Cassiano Darela

Equipe de design
Débora Gipiela
Luana Machado Amaro

Iconografia
Sandra Lopis da Silveira
Regina Claudia Cruz Prestes

Dados Internacionais de Catalogação na Publicação (CIP)
(Câmara Brasileira do Livro, SP, Brasil)

Pinto, Ben-Hur Lima
    Desenho de som/Ben-Hur Lima Pinto, Camila Freitas Sarmento. Curitiba: InterSaberes, 2021.

   ISBN 978-65-89818-78-6

   1. Desenho 2. Desenho – Estudo e ensino 3. Som 4. Som (Música) I. Sarmento, Camila Freitas. II. Título.

21-65265   CDD-780.981

Índices para catálogo sistemático:

1. Produção musical: Música 780.981

Maria Alice Ferreira – Bibliotecária – CRB-8/7964

1ª edição, 2021.

Foi feito o depósito legal.

Informamos que é de inteira responsabilidade dos autores a emissão de conceitos.

Nenhuma parte desta publicação poderá ser reproduzida por qualquer meio ou forma sem a prévia autorização da Editora InterSaberes.

A violação dos direitos autorais é crime estabelecido na Lei n. 9.610/1998 e punido pelo art. 184 do Código Penal.

sumário

Apresentação 8

1 **Desenho de som** 14
- 1.1. Desenho do som: origem 15
- 1.2 Os papéis na produção e os elementos de um desenho de som 18
- 1.3 Ferramentas para o trabalho 26
- 1.4 Exemplo 1: *remake* de Pacman 30
- 1.5 Exemplo 2: jogo de corrida 35
- 1.6 Perguntas importantes 42
- 1.7 Introdução à disciplina 44

2 **Músicas para jogos eletrônicos** 50
- 2.1 Choque de realidade 51
- 2.2 Composição 53
- 2.3 *Softwares* para criação musical 61
- 2.4 Trilhas sonoras e compositores para jogos eletrônicos 72
- 2.5 Composição de trilhas sonoras para jogos 75

3 **Produção sonora: parte I** 80
- 3.1 Visão geral da produção sonora para jogos eletrônicos 81
- 3.2 *Home studio* e estúdios profissionais 84
- 3.3 Noções básicas de acústica 87

3.4 Computador **90**

3.4 Microfones e microfonação **91**

3.6 Interfaces de áudio **95**

3.7 Monitores de referência **99**

3.8 Fones de ouvido **99**

3.9 Considerações sobre os equipamentos **100**

3.10 Durante a gravação **101**

3.11 *Sound* design **103**

4 **Produção sonora: parte II** **112**

4.1 Sons de fundo (*backgrounds*) e a história dos *games* **113**

4.2 Edição de áudio **119**

4.3 Mixagem **133**

5 **Produção sonora: parte III** **152**

5.1 Compressores **153**

5.2 *Reverb* ou reverberação **166**

5.3 *Delays* **172**

5.4 Canais auxiliares **177**

5.5 Automações **179**

5.6 Espacialização **182**

5.7 Considerações gerais sobre a mixagem para jogos eletrônicos **183**

6 **Produção sonora: parte IV** **186**

6.1 Masterização **187**

6.2 Elo com os desenvolvedores **198**

6.3 O processo de desenvolvimento de um jogo **201**

6.4 A importância do áudio nos jogos: dicas e opiniões de um profissional do mercado **202**

6.5 Comunidades de desenvolvedores **207**
6.6 Desenho de som para jogos **210**
6.7 Fluxograma de projetos para a organização das entregas **211**

Considerações finais **214**
Referências **218**
Sobre os autores **230**

apresentação

O ato de planejar e desenvolver um livro consiste em um complexo processo de tomada de decisão. Por essa razão, representa um posicionamento ideológico e filosófico diante dos temas abordados. A escolha de incluir determinada perspectiva implica a exclusão de outros assuntos igualmente importantes em decorrência da impossibilidade de dar conta de todas as ramificações que um tópico pode apresentar.

Nessa direção, a difícil tarefa de organizar um conjunto de conhecimentos sobre determinado objeto de estudo – neste caso o design do som – requer a construção de relações entre conceitos, constructos e práxis, articulando-se saberes de base teórica e empírica. Em outros termos, trata-se de estabelecer uma rede de significados entre saberes, experiências e práticas, assumindo-se que tais conhecimentos se encontram em constante processo de transformação.

Assim, a partir de cada novo olhar, novas associações e novas interações, diferentes interpretações se descortinam e outras ramificações intra e interdisciplinares se estabelecem. Embora desafiadora, a natureza dialética da construção do conhecimento é o que sustenta o dinamismo do aprender, movendo-nos em direção à ampliação e à revisão dos saberes.

Ao organizarmos este material, vimo-nos diante de uma infinidade de informações que gostaríamos de apresentar aos interessados nesta obra. Fizemos escolhas assumindo o compromisso de auxiliar o leitor na expansão dos conhecimentos sobre os procedimentos envolvidos no design do som. Assim, a primeira decisão foi abordar os fatos históricos com relação ao som, iniciando-se na década de 1950.

Concebendo o fazer ciência como um exercício essencialmente interdisciplinar, buscamos sustentação no diálogo com diferentes áreas do saber que oferecem contribuições ao ensino e à aprendizagem do design do som. Portanto, os seis capítulos que integram este livro reúnem contribuições da história do som, músicas para jogos eletrônicos e da produção sonora, sendo dado a esta última um foco especial em virtude do grande campo de abordagem que ela tem.

Tendo elucidado alguns aspectos do ponto de vista epistemológico, é necessário esclarecer que o estilo de escrita adotado é influenciado pelas diretrizes da redação acadêmica. Todavia, procuramos alternar momentos de maior ou menor rigor no tratamento e na exposição das informações. De forma didática, buscamos elucidar o conteúdo de modo que seja de fácil compreensão.

A vocês, estudantes, pesquisadores, professores, desejamos excelentes reflexões.

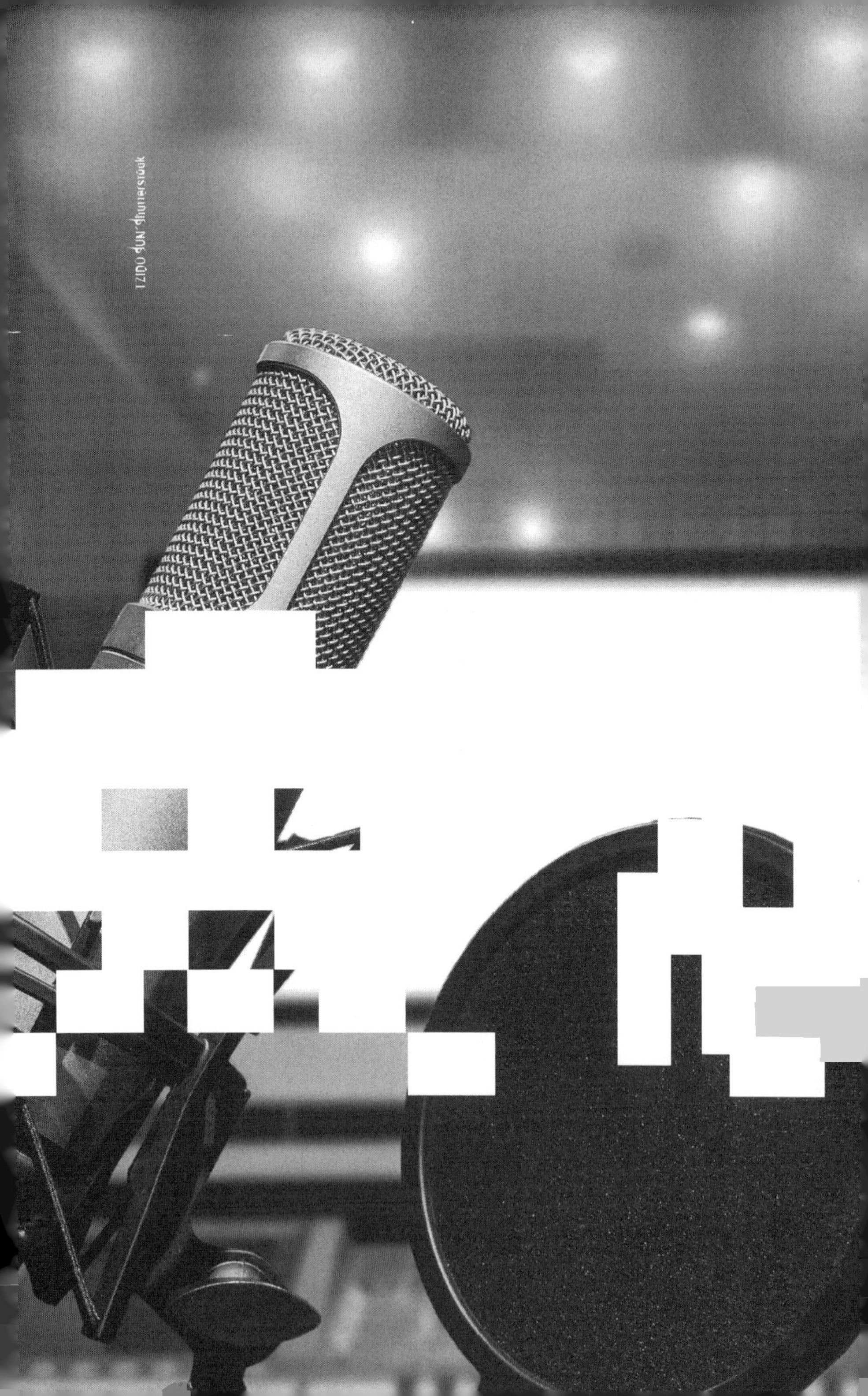

CAPÍTULO 1

DESENHO DE SOM

Antes de abordarmos a prática e a arte de criar sons para os tão cobiçados jogos eletrônicos, é necessário esclarecermos como se desenvolveu o começo dessas atividades.

1.1. Desenho do som: origem

Muitos leitores podem supor que o princípio do desenho de som para jogos eletrônicos se deu na criação do som do primeiro jogo eletrônico. Alguns, talvez, chegam a visualizar um quadrado branco andando de um lado para o outro de uma tela monocromática sob um som sintetizado, quase sem harmônicos, coincidindo com o evento do quadrado branco tocando a barra móvel na lateral da tela. Todavia, não foi assim o início dessa prática do design.

Segundo Mendonça (2014, p. 26),

> Avançando ao ano de 1958, o primeiro registro de jogo eletrônico foi criado pelo físico Willy Higinbotham no desenvolvimento de um simples jogo de tênis, realizado por um osciloscópio e processado por um computador analógico, chamado de *Tennis for Two* [...]. Ainda assim, o conceito de jogo eletrônico não apresentava potencial mercadológico para época e o projeto não chegou a ser patenteado. Todavia, é possível interpretar *Tennis for Two* como o precursor do famigerado jogo eletrônico *Pong*.

Figura 1.1 _ **Pong**

Usar um som para ilustrar determinada ação pode ser uma definição simples o suficiente para explicar o nome *desenho de som*. Entretanto, o significado dessa expressão é mais primitivo do que a própria definição de *música*, que seria organizar sons na trajetória do tempo.

Segundo Avanço e Batista (2017, p. 4), "música é uma palavra de origem grega – vem de *musiké téchne*, a arte das musas – e se constitui, basicamente, de uma sucessão de sons, entremeados por curtos períodos de silêncio, organizada ao longo de um determinado tempo".

Nesse sentido, o desenho de som é muito parecido com outra expressão comumente utilizada na composição de música acadêmica contemporânea, o de *gesto musical*. Para além do jogo criado em 1958, isso nos permite perceber que até mesmo o fato de nossos antepassados usarem sons para ilustrar uma contação de história em volta da fogueira, por exemplo, já era um desenho de som, mesmo que primitivo. Realizar essa retrospectiva é fundamental para que não sejamos arrogantes a ponto de achar que estamos diante de algo totalmente novo.

É importante termos em mente, também, que a palavra *desenho* não carrega o mesmo peso que a palavra em inglês *design* e que é fundamental elogiar a arte de criar sons especificamente para filmes e jogos, pois, diferentemente de música, é necessário haver um **conceito sonoro**. Em música, é preciso ter um estilo. O conceito, por sua vez, é algo mais filosófico e pode deixar as pessoas discutindo por horas, sem que cheguem a lugar algum. Entretanto, quando utilizado de forma mais prática por indivíduos corajosos que não ficam infelizes com críticas, pode oferecer resultados geniais (Wisnik, 1989).

É de vital importância que o conceito do som de uma obra – filme, desenho animado ou jogo de *videogame* – esteja aliado à execução prática do projeto. É preciso haver um idealista, geralmente o diretor do filme, mas também é necessário que alguém tome decisões certeiras, geralmente o produtor. Por isso, é importante saber trabalhar em equipe e contar com pessoas com características pessoais diferentes para que o projeto final alcance um resultado interessante.

1.2 Os papéis na produção e os elementos de um desenho de som

Ao se definir o que será feito e quem serão as pessoas a assumir tais tarefas, é preciso colocar algumas outras possibilidades em seus devidos lugares. De maneira bem prática e específica, é necessário ter em mente que o produto deve ser um desenho de som para um jogo eletrônico.

Suponhamos que o programador idealizou o jogo, desenhou, projetou e, agora, deve compor todas as músicas e desenvolver os efeitos necessários, pois só ele sabe o que é bom para o jogo. Ele pode, também, ser um músico que está procurando diversificar suas atividades e, por isso, dispõe-se a compor a trilha e fazer o desenho de som desse *game*.

Essas atividades são distintas uma da outra. Começou a ficar mais clara a razão de haver tantos nomes nos créditos finais de um jogo? Se não, seremos ainda mais diretos: não é possível fazer tudo sozinho, não há tempo e não há como dar profundidade artística para todas as camadas da mesma maneira que aconteceria se o trabalho fosse divido. Definir processos e delegar responsabilidades é a receita do sucesso.

Em geral, quando se trabalha com produção musical, percebe-se que as produções que funcionam melhor são as que têm uma equipe grande, na qual cada um tem ciência do papel que deve desempenhar. Em produções não exitosas, geralmente há um indivíduo que deseja controlar todo o processo e não consegue delegar tarefas. Se for possível organizar as funções em suas atividades, mesmo com muitos tropeços, a chance de sucesso e de se obter um resultado satisfatório é muito grande.

> Inicialmente, a gravação de uma música era simples: vários músicos juntos, em um mesmo estúdio, tocando uma música ao mesmo tempo. Vários *takes* eram feitos e o melhor deles ia parar nas rádios.
>
> Um processo simples e direto, não tinha produção, não tinha mixagem e não tinha masterização (não como conhecemos pelo menos).
>
> Um arranjador ou compositor criava as músicas, letras e melodias, passava para os artistas e esses gravavam.
>
> Mas aqui entra um cara que é a base da nossa conversa: o engenheiro de som.
>
> Nessas sessões de gravação, o engenheiro era responsável por captar o som da fonte adequadamente, balancear os volumes e enviar para a fábrica cortar o vinil.
>
> Com o tempo, os engenheiros de gravação foram se tornando peças-chave no processo.
>
> A descoberta do estéreo e a evolução dos processos de gravação, exigiu que os engenheiros de som fizessem parte do processo criativo.
>
> Eles ajudaram as bandas a experimentar e criar novos sons e ideias e aos poucos integraram o processo de produção do álbum ou da música. Todos esses acontecimentos possibilitaram o surgimento do produtor musical. Um profissional-chave para a produção de um álbum. (Mazzeu, 2018)

Esse exemplo trata das funções em uma produção musical, que é bem mais simples do que uma produção de áudio para jogos. Contudo, é como se tivéssemos uma escala com grau propedêutico de dificuldade: música, cinema e jogos.

Vamos, então, dividir o desenho de som em algumas partes, que possam ser também executadas em processos distintos. As músicas de um jogo são importantíssimas; portanto, não podemos deixar de abordá-las. O compositor precisa entender o conceito do jogo e aplicá-lo em cada *nuance*, além de entender muito bem as dinâmicas das fases, para que possa orquestrar as mudanças. Além disso, ele deve estudar as possibilidades de orquestração dos temas.

É possível afirmar que é mais importante que o compositor saiba fazer arranjos do que propriamente compor os temas – e isso é muito comum. Por exemplo, o tema de *Os Simpsons* foi composto por Danny Elfman, mas foi arranjado por Alf Clausen. Danny Elfman, que era compositor e guitarrista da banda Oingo Boingo, compôs muitas trilhas sonoras para filmes, porém, a primeira vez que fez também os arranjos foi no filme *Batman* (1989), dirigido por Tim Burton (Classic FM, 2021).

Sendo assim, o músico tem de percorrer uma jornada que o permita realizar as duas funções com maestria, a ponto de dar profundidade artística à obra por meio dos processos que precisam ser executados. Reiteramos: não se deve tentar fazer tudo sozinho, é preciso entender quais são os processos e como eles precisam ser desenvolvidos e sempre pedir ajuda à equipe.

Além da música e do arranjo dinâmico, as outras três partes do desenho de som são os efeitos sonoros (*foleys*), as falas e os fundos sonoros (ou *backgrounds*).

> A equipe de *Foley* tem como função recriar os sons relacionados com toda a movimentação dos personagens do filme. Isto inclui todos os objetos manipulados de alguma forma presentes nas cenas.
>
> O termo *Foley* é uma homenagem ao seu criador, Jack Foley e este trabalho trata-se da gravação e edição dos sons relacionados aos personagens em sincronia com a imagem. (Rodrigues; Moraes, 2013, p. 107)

Efeitos sonoros ou *foleys* são as sonoplastias do jogo: o som de um pulo, de uma moeda caindo, de um golpe, de uma chave abrindo um baú. A mágica do jogo pode estar nessa característica. Com um som, é possível fazer menção ao jogo. Por mais que o estudo da música, do arranjo e da programação possam ser homéricos, o simples fato de o jogo ter um som específico pode fazer dele um ícone. Poderíamos esquecer do mundo por alguns instantes e discorrer sobre os sons de nossos jogos preferidos. Por isso, quando se está manipulando os sons para um jogo, não se deve descansar até ter certeza de que foram feitas as melhores escolhas dos *foleys*, pois eles ilustrarão as horas de diversão de muitas pessoas.

O editor de diálogo trabalha principalmente, com as falas dos atores. Sua principal função é garantir a linearidade, suavização e continuidade sonora das falas além de um bom sinal e bom timbre, para que o mixador possa ter completo controle sobre elas.

A edição de diálogo envolve toda a etapa de organização e compreensão do material de som direto recebido, onde muitas vezes é confuso e volumoso. Além disso, observar detalhes na imagem onde se pode acrescentar ou eliminar sons pode contribuir com a construção narrativa dos personagens e da história.

O editor de diálogos prioriza a qualidade do som, eliminando ruídos indesejáveis, corrigindo o fundo, buscando alternativas para que se compreenda da melhor forma possível o que o ator está dizendo e principalmente, realiza todo este trabalho visando alterar o mínimo possível a interpretação dos atores. (Rodrigues; Moraes, 2013, p. 106)

As **falas**, hoje em dia, compõem um problema fácil de resolver, pois não é mais uma preocupação a qualidade do áudio gravado – visto que os consoles atuais conseguem reproduzir áudios com a mesma qualidade dos aparelhos de som – e o tamanho dos dados que as falas ocupam também não é um obstáculo. Contudo, é bom salientar que os seguintes cuidados são essenciais: a qualidade da captação das falas, o capricho na elaboração dos diálogos e o zelo na direção de dublagem.

É preciso ter em mente que não basta contar com um ator disposto a improvisar e com um editor de áudio, que se veja forçado a fazer o trabalho funcionar depois. Por isso, o responsável por esse processo deve ter tudo planejado e escrito, primando por anotações que facilitem a leitura do texto da forma que o diálogo foi imaginado por quem está dirigindo ou criando o jogo. O sucesso nunca ocorre por acaso.

> a empresa Magnavox lançou o *Voice Module*, cuja sofisticação era a possibilidade de incorporação de voz através de um sintetizador de voz que tornava possível a expressão de frases simples e curtas, como: "A Commendable Defense", "The Earth will be mine", no jogo *Attack of The Time Lord*; "Oh!", no jogo *Killer Bees* ou "Come On Turkey, Hit It!", no jogo *Smitherens*. Apesar das limitações, a novidade impressionou os usuários da época com o periférico, uma versão paleolítica dos atuais "*kits* multimídia". No Brasil, as campanhas e os jogos seguiram o padrão norte-americano. Destarte, estas "simulações perfeitas da realidade", o *Odyssey 2* nunca chegou a desempenhar o papel de concorrente a ponto de preocupar a hegemonia do Atari 2600 em vendas. (Aranha, 2004, p. 36)

Vale lembrar as falas que anteriormente eram usadas como *foleys*, a exemplo dos jogos *Street Fighter II*, *Tartarugas Ninja*, *Top Gear* e *Mortal Kombat*. Por não ter a qualidade atual, disponível a partir dos consoles 16 bits – similar à qualidade de áudio de CDs de 16 bits de profundidade e 44 100 pontos de amostragem –, as falas eram curtas e quase todas gritadas. Assim, tinham uma função muito mais de efeitos sonoros ou de *foleys* do que de falas, como nos diálogos de um filme ou da parte dos jogos em que os personagens contam uma história.

Por mais que muitos insistem em discutir que jogos não são uma forma de arte, ou que ainda estão muito longe de ter um cunho tão artístico quanto o cinema, nós jogadores sabemos o quão impactante uma história bem desenvolvida pode ser, sentimos o que cada personagem sente, sorrimos, choramos e torcemos para um final no qual sairemos bem.

Engana-se quem acha que um bom jogo precisa ter apenas bens gráficos, muita ação, tiros e porradaria, um bom jogo é muito mais do que isso, ele tem uma história envolvente, que te aproxima dos personagens e faz com que você sinta cada ferida e cada perda, e um aspecto muito importante para gerar estes elos entre protagonistas e jogador são os diálogos. (Grasel, 2017)

Com o advento dos consoles de 16 bits e de 24 bits, a forma como os jogos começaram a ser escritos mudou. Vemos uma maneira muito diferente de jogar *Resident Evil* e *Metal Gear Solid 3*, por exemplo, nos quais as falas dos personagens e a história do jogo são até mais interessantes do que a jogabilidade, a vibração do controle quando se atira e outros recursos.

A evolução tecnológica fez surgir consoles e arcades com espaço para a gravação de mais vozes simultâneas. Por exemplo, o chip YM da Yamaha permitia até 8 canais de som e foi bastante utilizado. Além disso, os sistemas passaram a permitir o uso de vários chips juntos.

Assim, foi possível tocar a música em conjunto com os efeitos de maneira ininterrupta. Na década de 80, efeitos mais avançados foram implementados, tais como o vibrato e o eco. Afinações variadas colocaram-se à disposição dos compositores, e os timbres sintetizados se aproximaram da realidade dos instrumentos acústicos. Portanto, começou a fazer sentido que houvessem [sic] músicos por trás do processo de programação dos jogos. Apesar disso, poucos *games* possuíam músicas contínuas. (Barreto, 2013, p. 476)

Por último, temos os **fundos sonoros** ou *backgrounds*, sons utilizados para caracterizar o ambiente. Nem todo jogo conta com esse recurso. Normalmente, os jogos realistas, como *God of War* e *Heavy Rain*, apresentam sons dos ambientes, como ventos, folhas, riachos, gotas de chuva e outros elementos que compõem a paisagem sonora do ambiente.

Jogos clássicos mais infantis não apresentam fundo sonoro, como *Super Mario Bros*, *Donkey Kong*, *Sonic the Hedgehog* ou *Top Gear*, o que não necessariamente os torna menos interessantes. No que concerne ao desenho de som, eles usam a música como pano de fundo sonoro. Vale destacar: é melhor que o projeto seja elegante do que tenha todos os elementos e não apresente nenhum conceito.

Esta divisão do desenho de som – em música e elementos musicais, *foleys*, falas e *backgrounds* – é emprestada do cinema, considerando-se a dinâmica necessária, pois, nos jogos interativos, é preciso haver uma programação que controle os sons. Com relação à mixagem, no geral, seguem-se os mesmos princípios.

Rodrigues e Moraes (2014) listam as partes do processo de desenho de som: diálogos (DX), dublagem (ADR), *foley* (FY), efeitos sonoros (FX), *background* (BG) e *background* FX (BGFX), *walla* (WL), *hard-effects* (HFX) e *sound-effects* (SFX).

É preciso que o som ocupe todas as faixas de frequência para que fique agradável, dinâmico e prenda a atenção do ouvinte em toda a sua continuidade, mesmo que as partes tenham características sonoras drasticamente contrastantes. Uma cena de suspense, por exemplo, tem uma música suave, com o tema do jogo executado em violinos e violoncelos; e enquanto o som do vento ocupa o fundo sonoro, ouvem-se mais alto os sons de passos do personagem controlado pelo jogador.

Assim que o jogador posiciona o personagem no centro do cenário – uma explosão –, a música aumenta o volume, os violinos e os violoncelos tocam com trombones e tímpanos; e até mesmo guitarra, baixo e bateria acompanham a música. Os *foleys* de passos abaixam, e os que mais se ouvem são os de tiros, grunhidos do monstro que saiu de trás de um barril de metal que explodiu e alguns caixotes que se quebraram depois da explosão.

A mixagem dos sons precisa ser revisada e aliada à dinâmica do jogo, não podendo ser de responsabilidade do programador, visto que deve ser feita por alguém que já tenha alguma experiência com processo de mixagem unido à programação. É uma experiência que pode ser exaustiva para o programador de jogos e para o técnico de mixagem, mas é muito gratificante quando se consegue alcançar um resultado artístico que não se alcançaria no caso de trabalhar sozinho. É improvável que uma pessoa seja ao mesmo tempo um ótimo programador e um ótimo técnico de mixagem. Por isso, é preciso prezar o trabalho em equipe.

1.3 Ferramentas para o trabalho

Agora, vamos tratar da direção e da execução do desenho de som para os jogos. Para isso, comentaremos sobre os tipos de *software* que auxiliarão nessa jornada. A esse respeito, vale lembrar que existem diversas ferramentas para se chegar ao mesmo resultado, e aquelas que forjaram os jogos e que ditaram as tendências de outrora já não são utilizadas. Para que exista uma direção única, é sempre bom contar com mais opções e, com a prática em diferentes *softwares*, o desenvolvedor pode encontrar aquele que se adapta melhor a sua necessidade ou a sua comodidade.

Editores de som são essenciais. Existem profissionais que são ótimos em manipular o som, outros que são excelentes para fazer as mixagens e ainda há aqueles que operam melhor com poucas faixas de som. O Digital Audio Workstation (DAW) é uma ferramenta inseparável para o desenhista de som, com muitas opções no mercado, desempenhando funções similares. Alguns exemplos são ProTools, Logic, Cakewalk, Sonar, Reaper e Cubase. Todos esses *softwares* são ótimos e, quando o profissional de áudio já tem experiência, fica muito fácil realizar aquilo que o diretor do projeto deseja (Wisnik, 1989).

Antes de ter uma biblioteca enorme de sons e sair editando tudo, picotando arquivos menores e passando pastas com um "oceano" de registros para que os programadores possam associar os áudios com as ações do jogo, é preciso pensar no conceito de som do jogo e captar ou sintetizar ou captar e manipular sons para que seja possível trabalhar com eles no DAW. Produtores e músicos mais antigos chamam o DAW de *multipista*, porque esse tipo de *software* imita uma mesa analógica de múltiplos canais (multipistas); ademais, além dos sons coletados, pode-se captar ou importar as faixas musicais para o projeto.

Em todo processo, é preciso coletar sons, sejam eles gravados, sejam comprados de alguma biblioteca, assim como é o caso das músicas do jogo, que podem ser compostas pelo próprio profissional de som, por algum outro membro da equipe ou por um terceiro. Aliás, é muito fácil encontrar comunidades *on-line* de compositores que aceitam convites particulares para desenvolver trilhas e até mesmo efeitos sonoros para esse tipo de projeto.

> Tem dois jeitos excelentes de conseguir seus primeiros projetos e ganhar experiência: **game jams** e **eventos de networking**. Sugiro ir atrás de ambos.
>
> **Game jams** são maratonas curtas de desenvolvimento de *games*. A maioria acontece em um fim de semana, em 48h consecutivas, e o objetivo é terminar com um jogo pequeno completo. Normalmente todos os participantes fazem seus jogos em torno de um tema em comum, e é bem interessante ver as diversas interpretações desse mesmo tema. Você pode se inscrever com um time, se já conhecer outros devs, ou como um *floater* – sempre tem alguém precisando de áudio nesses eventos. (Schiefer, 2020, grifo do original)

Logo após a coleta e a escolha dos sons, são necessários ajustes ou manipulações. Os sons devem todos ter um mesmo nível de potência, ou seja, ter o mesmo volume. É claro que é necessário fazer uma mixagem dos áudios depois de tudo pronto, mas as diferenças mais brutas devem ser niveladas já nesse momento. Versaremos sobre compressores, equalizadores, *reverbs*, ganho e volume, quando estivermos tratando da manipulação dos sons.

Essas ferramentas podem parecer muito frias e exatas, mas é necessária a sensibilidade artística do responsável pela edição e pela mixagem do jogo para que todos os sons tenham um mesmo estilo, estejam alinhados a um mesmo conceito, algo como uma orquestra de diversos instrumentos, que, se não estiverem todos afinados e regidos com maestria, podem se tornar um caos descontrolado.

Alguns jogos, principalmente os independentes e os de plataformas alternativas, carecem de sensibilidade artística na edição e na mixagem dos sons. A experiência para o jogador se torna tão negativa que esses jogos podem muito bem ser jogados sem ouvir os sons e, provavelmente, o prazer de jogá-los não chegará a ser celebrado.

> Não existe um padrão específico para a estética e jogabilidade dos *indie games*. O que os distingue visualmente dos jogos de grandes empresas são decisões artísticas ou estratégicas incomuns na mídia, que retomam ideias já consideradas "ultrapassadas" ou "inovam" a experiência de jogo nesse sentido. Essa característica se deve à liberdade de criação e maior possibilidade de colocar em prática uma ideia individual, assim como ter contato mais direto com os futuros consumidores.
>
> Isso faz com que as representações possam ser versões de padrões já existentes na mídia, mas que não se limitam por eles. Mesmo os lançamentos que seguiram o formato comum nos games, o fizeram de uma perspectiva diferente, seja pela falta de orçamento, equipe e ferramentas mais sofisticadas ou pela simples intenção artística dos criadores. (Cruz, 2016, p. 50)

No entanto, quando os jogos têm essa característica artística em sua concepção sonora, seus sons são muito prazerosos. É impossível não citar Super Mario World, no qual a música faz parte da narrativa. Se pensarmos que todos os sons desse jogo eram reproduzidos em um console que tinha 8 canais de áudio, com 8 bits de profundidade e 32 mil pontos de amostragem, percebemos o grande desafio que foi. Tamanha maestria no desenho de som, mesmo com limitação da qualidade em razão das características físicas do console, não foram barreiras para os produtores do jogo.

> temas orquestrais, suaves ou imponentes, com múltiplos instrumentos e maior fidelidade aos sons reais, são insuperáveis no console da Nintendo. Casavam perfeitamente com o grande acervo de RPGs que abusam desse tipo de faixa para cenários de fantasia. O SNES se afastou do "som de videogame" na direção do "som real".
> Um exemplo é **Rock & Roll Racing**: faixas sofríveis no Mega Drive e excelentes no SNES. Embora o programador de áudio tenha sido Tim Follin, considerado mestre em tirar o máximo de hardwares e gênio do chiptune, com trilhas fantásticas no NES, não dava pra [sic] competir com o ponto forte do SNES. Ainda que soando tão MIDI-genéricas no SNES se comparadas às músicas originais, elas sangram ouvidos de tão agudas e ruins no sintetizador do Mega Drive. (Lemes, 2014, grifo do original)

Todavia, é importante também que haja pessoas que queiram quebrar os padrões e inventar novos consoles, novas plataformas e novas maneiras para que se possa ir além do limite que é imposto pelas circunstâncias. A inovação é, sem dúvida, o elemento mais importante nessa arte. É preciso reconhecer o valor dos artistas do passado, que fizeram tudo aquilo em que os atuais profissionais se apoiam, mas também olhar adiante e almejar o desconhecido, para que surja algo novo.

Montada a biblioteca e a seleção de sons, todos eles devem ser processados e manipulados para que adquiram características sonoras pelo menos parecidas; também têm de ser comprimidos, com equalizações que os harmonizem e com reverberações adequadas aos cenários. Colocam-se todas as camadas juntas, para ficar mais fácil de visualizar como o projeto deve parecer.

Caso o DAW (ou o multipista) que estiver sendo usado tenha a opção de criar pastas para organizar os canais, isso é muito útil. Nesse caso, deve-se criar as seguintes pastas: MÚSICAS, para as trilhas sonoras e elementos musicais; FOLEYS, para os efeitos sonoros; FALAS, para as falas dos personagens e todos os sons de voz humana; e BGS, para os fundos sonoros e os *backgrounds*.

É necessário fazer uma lista dos sons do jogo, para que se possa pensar em cada um deles e passar para a fase em que trabalham juntos o desenhista de som e o programador.

1.4 Exemplo 1: *remake* de Pacman

Suponhamos agora que uma equipe tem de organizar no DAW um projeto de *remake* do jogo *Pacman*. Nessa nova versão, haverá ter três fases e uma música para cada uma delas: (1) uma para quando o *Pacman* come o ponto brilhante, (2) uma para quando ele morre e (3) uma música para quando ele vence. Além disso, haverá efeitos sonoros para os momentos em que o personagem se movimenta, come um ponto, come o ponto brilhante, é comido, come um dos inimigos e come uma das frutas. Digamos que, na parte superior de cada fase, exista uma imagem que fica se movimentando: na primeira fase, um cemitério; na segunda fase, uma praia com navio pirata e fantasmas; e, na terceira fase, um parque de diversão mal-assombrado. Isso dá uma dica de qual deve ser a estilização das músicas e, se for o caso, pode-se colocar um fundo sonoro para ajudar a ilustrar melhor o jogo.

O responsável pela composição musical já sabe o que fazer: criar arranjos para cada uma das fases, utilizando o tema clássico do jogo. Como é um *remake*, não há como fugir muito do tema, mas o profissional pode empregar toda a sua criatividade nos arranjos, que podem utilizar instrumentos musicais que ilustrem bem os cenários. Claro que cada compositor faz suas escolhas, mas é bom ter exemplos. Em todas as três fases da releitura existem fantasmas, o que mostra a necessidade de os arranjos terem um tom sombrio, mas, como é o Pacman, precisam apresentar uma pitada lúdica.

Primeira fase: o cemitério

Pode-se usar um *teremim* como um dos instrumentos principais e um órgão do tipo C3 para dar uma característica de cemitério, algo como ocorre em *A Família Addams*.

Segunda fase: navio pirata

Um timbre de sanfona de pirata e um cravo – instrumento de tecla antecessor do piano –, que comunica a ideia de pirata para a música.

Terceira fase: parque de diversões mal-assombrado

Um sintetizador imitando órgão de tubos, com certeza. Nada mais caricato do que isso (Schafer, 2001).

O compositor já teria tarefa de casa para realizar. No caso de haver previamente um tema e as imagens das fases não serem suficientes para a inspiração do compositor, sempre é bom que o diretor do projeto lhe dê mais informações ou ajude-o a criar uma direção. Entretanto, é sempre interessante deixar que cada um use sua criatividade.

Para os outros sons, seria possível partir para vários caminhos, como os que apresentaremos a seguir, que são bastante distintos, mas podem dar certo.

- **Primeiro caminho** – Usar instrumentos virtuais para gerar sons.
- **Segundo caminho** – Criar sons utilizando voz humana e processá-los digitalmente.

No **primeiro caminho**, o jogo tende a ficar muito musical. Isso pode ser bom ou ruim, dependendo bastante da mixagem, para que a música ocupe o papel correto e os *foleys* tenham características de equalização distintas e talvez até distantes da música. Dessa forma, podem ser reconhecidos como efeitos sonoros, e não como parte da música. Também é possível fazer os efeitos sonoros só com instrumentos de percussão, o que pode dar muito certo pela natureza diferente dos instrumentos, com notas de altura definida, que ocuparão o plano musical.

No **segundo caminho**, o jogo tende a se humanizar mais, e a voz humana é extremamente expressiva, o que torna os sons do jogo muito interessantes. Como a voz humana gravada precisa cumprir, nesse caso, o papel de efeito sonoro, é imprescindível ser muito bem comprimida. Pode ser necessário usar modeladores de altura – ou *pitch* – para que elas fiquem ainda mais caricatas. Mudar a voz uma oitava – intervalo musical de 12 semitons – abaixo ou acima pode caracterizar, por exemplo, respectivamente um vilão e uma criatura pequena – como o personagem Pacman.

Tanto um caminho quanto o outro são maneiras de criar um conceito para o jogo no desenho de som. Para o diretor do projeto, é mais fácil, e, para quem precisa realizar a produção dos sons, de certa forma, também é um alívio. Sempre é ótimo ter os processos o mais bem definidos e detalhados possível, para que se possa saber em qual etapa o projeto está.

Então, é preciso executar a composição das músicas, dos elementos musicais, dos efeitos sonoros e do que é colocado como fundo sonoro, um som de vento e pássaros, corvos no cemitério, alguma ave marítima e pombos para cada uma das fases. O projeto, com isso, estará quase pronto, e então será necessário passar os sons para o programador responsável, para que associe cada faixa sonora a seu lugar.

O responsável pela mixagem deve revisar se todos os sons estão com os níveis desejados e verificar se um deles não está mascarando sonoramente algum outro – quem sabe, um dos instrumentos da trilha da segunda fase pode ocupar a mesma frequência que o *foley* utilizado para a movimentação do personagem –, pois isso seria um problema. Para o técnico de mixagem, porém, é só equalizar a faixa desse instrumento musical na faixa da segunda fase, retirando 12 decibéis (dB) na frequência em que o *foley* mais atua, digamos 3 quilohertz (kHz). Dessa maneira, o *foley* aparecerá e o instrumento ainda estará executando sua parte na música.

Nesse exemplo, tudo ocorre de maneira quase ideal, e todos os problemas são fáceis de ser contornados. Na prática, porém, surgem muitas dificuldades, mas é preciso ter em mente que, quando se visualiza algo antes de executá-lo, é muito mais fácil resolver qualquer entrave. Quem tem um problema não está perdido, mas quem não tem uma equipe talvez esteja.

É muito fácil saber quem tem condições de resolver um defeito quando se definiram as responsabilidades antes de começar o projeto. Se a música não é interessante o suficiente ou se ela não tem emoção, não adianta pedir para o técnico de mixagem fazê-la funcionar. Se os sons do jogo estão bons, mas não estão em sincronia com os movimentos, provavelmente a programação está com algum problema, e quem pode resolver são os programadores.

Outro ponto importante desse exemplo é que não entramos em informações técnicas ou recomendações muito específicas para a captação, a edição e a mixagem nem comentamos sobre masterização. Entretanto, é imprescindível tratar desses quatro pilares da produção sonora para que se possa partir do conceito para abordar a compilação da biblioteca de sons.

Essas informações são mais técnicas e voltadas ao produtor ou ao editor de som, tendo o diretor de projeto talvez pouco interesse em estudar esse material, mesmo sendo uma maneira eficiente de saber o que se pode exigir dos responsáveis pela produção sonora, pela edição e pela mixagem. O simples fato de perceber que se pode dividir o trabalho em diferentes partes já possibilita o projeto ser executado com mais eficiência e profundidade artística.

1.5 Exemplo 2: jogo de corrida

Talvez o exemplo do *remake* do jogo Pacman seja um tanto simples para nossos propósitos. Para criadores de jogos mais ousados, talvez esse projeto não explore muito as complexidades, como as sessões de gravação de falas ou a construção de planos sonoros para os fundos que sejam mais realistas ou fantasticamente exagerados. Vamos, portanto, analisar um segundo exemplo, o qual seja mais robusto e trabalhoso, como forma de tentar contemplar os anseios dos desenhistas de sons mais sonhadores.

O segundo exemplo é um jogo de corrida que tem oito fases. Além disso, existem oito personagens e todos eles têm uma frase de efeito. Cada fase acontece no país de origem dos personagens e precisa ter uma trilha distinta. Portanto, nesse jogo, será preciso desenhar o som de alguns vídeos, pois eles funcionam como explicação da história.

O conceito deve ser uma mistura de realismo e desenho animado. Os carros precisam ter turbos e outros recursos, como bombas e óleo para jogar na pista. Porém, o som dos veículos, no geral, deve ser como o de carros reais. As buzinas podem ter um caráter mais cômico. É necessário considerar que o jogador pode apertar um botão a qualquer momento para que seu personagem se expresse – para isso, devem existir, ao menos, oito expressões para cada um.

Durante os trajetos, em todas as fases, o fundo sonoro ou *background* deve se ajustar ao cenário. Além disso, todos os *foleys* devem receber *reverb*, quando os carros dos personagens controlados pelos jogadores estiverem em um túnel. Conforme os veículos sofrerem avarias, seus sons devem representar os desgastes, pelo menos em quatro níveis: (1) sem avaria, (2) 33% avariado, (3) 66% avariado e (4) completamente avariado.

É preciso que o responsável pelo som desse jogo tenha muita criatividade e paciência para detalhar todos os áudios, os processos necessários e os detalhes para que o jogo tenha um ótimo desenho de som. Com isso, é fácil imaginar a diversão dos jogadores quando decorarem as frases de efeito de seus personagens favoritos.

Desse ponto em diante, abordaremos a sessão de gravação das falas. Primeiramente, uma sessão com oito atores seria caótica e muito mal-aproveitada; então, seria necessário marcar oito sessões diferentes. Antes de fazer um cronograma para as gravações, é preciso saber exatamente quais são as falas e traçar quais são as características das vozes, tratar as personalidades e definir quais os sentimentos de cada diálogo.

Em nosso exemplo, o personagem principal se chama Bill, um jovem de 18 anos, 1,80 m de altura, 75 kg e seu registro vocal é de tenor, voz masculina que alcança notas agudas. Ele é impulsivo, destemido e um pouco desajeitado. As falas que ele teria ao lado do botão de buzina seriam as seguintes:

– Tô passando!
– Sai da frente!
– Tira essa carroça daí!
– Desculpinha, mas eu tô com um pouco de pressa!
– Nossa, você me faz ficar com sono de tão lento!
– Quer trocar seu carro com o meu?
– Agora você vai comer a minha poeira!
– PA PA PA PA PA PAS-SEI!

A fala de Bill no início do jogo é a seguinte:

– Eu sempre quis estar aqui. Uma corrida de verdade, com corredores profissionais. Para mim, é um sonho que se tornou realidade. Agora, o meu maior desejo é vencer essa corrida e me tornar o mais novo campeão! Aí todo mundo vai olhar para mim e dizer: "Uau, Bill!"; "Que dia bonito, Bill!"; "Que carro maneiro, Bill!". Bem melhor do que "Sai da frente, garoto!"; "O que está fazendo aqui, garoto?"; "Ei, garoto, esse negócio aí é meu! Volte aqui!". Eu não quero mais ser o "garoto"; eu quero que todo mundo conheça o meu nome.

Ao final, o personagem tem mais uma fala:

– Eu não tô acreditando! Eu sou o campeão! Alguém aí tá com bateria no celular? Tem como tirar umas fotos maneiras? Ow! Tira uma foto desse caneco, rapá! Eu nem acredito!

Com informações como essas – quanto mais detalhes, melhor – já é possível encaminhar as falas para o ator que fará a dublagem. Vale lembrar que pode ser um profissional ou algum novo talento, só é necessário que seja alguém que se comprometa a realizar a tarefa.

É importante, mas não fundamental, que quem tenha escrito as falas esteja na sessão de gravação. Contudo, é fundamental que exista alguém responsável por dirigir a dublagem, ou seja, que dê diretrizes para quem esteja atuando/dublando e para quem esteja fazendo a captação – o técnico de som ou produtor sonoro. O diretor de dublagem (ou a pessoa que escreveu as falas e que sabe como elas devem soar) pode cantarolar e enfatizar aquilo que for necessário, para que o dublador interprete da maneira correta. Não basta ter criatividade, é preciso também saber explicar aquilo que imaginou para que outros possam desenvolver durante a execução do projeto.

Uma dica de ouro em qualquer etapa da produção de sons em que se tenha de trabalhar com o talento de outros é saber explicar aquilo que imaginou, de uma forma que as pessoas possam realmente fazer o que foi pedido ou até mesmo mais do que o que foi pensado. Um diretor que consiga extrair o melhor de cada participante do projeto pode se considerar um Midas – o rei que transformava em ouro tudo o que tocava

Mais adiante, no projeto, o processo para a captação seria escrever todas os textos, definir as informações e características de todos os personagens e mandar as falas e as informações para cada um dos atores que farão a dublagem. O ideal é que essa entrega seja feita cerca de uma semana antes das sessões de gravação, para que todos possam ler e estudar seus papéis.

Uma sessão de gravação com essa quantidade de falas – que é pouca – duraria em torno de 2 a 3 horas; portanto, não podem ser marcadas mais do que três gravações por dia. É interessante agendar todas na mesma semana, alternando dois atores em um dia e três atores no outro, sucessivamente. É sempre bom reservar uma ou duas sessões a mais para refazer algo que possa ter passado na captação e que tenha sido identificado em uma revisão.

É importantíssimo revisar as captações, para que, na próxima etapa, não se encontre algo que não pode ser editado. Nunca se deve acreditar na frase "isso a gente conserta na edição". É muito melhor refazer do que tentar remendar depois. Se for realmente o caso de consertar na edição, é preciso pedir ao técnico de som ou ao produtor que edite naquele momento, antes de passar adiante.

Deve-se estar ciente de tudo o que pode ser manipulado e processado digitalmente em relação à música e aos sons do projeto.

Se algo é possível de ser feito, então deve-se fazê-lo ou pedir para que alguém o faça; caso isso não aconteça, não se deve contar com aquilo, pois assim evita-se frustrar a todos com algo fantasioso – a criatividade precisa alcançar a realidade, e não o contrário.

Isso não é um problema exclusivo da música e dos sons. Todos os processos devem resolver seus próprios problemas, sem esperar que a próxima etapa do desenvolvimento elimine defeitos ou compense fraquezas. Tudo pode colapsar se esse pensamento for uma constante no projeto.

É recomendável, no que se refere à produção das falas, contratar ou pedir ajuda a um profissional da área vocal para fazer a direção das dublagens. Um instrutor de canto com experiência ou um profissional de dublagem que já saiba fazer direção pode ajudar a elevar o nível artístico. É interessante pesar na balança o custo e o benefício dessa questão.

Se o profissional estiver elaborando um projeto pela primeira vez e não dispuser de um orçamento para investir, ele deve ter consciência de que todas as funções descritas existem e são desempenhadas por especialistas que se dedicam muito em suas áreas específicas.

O processo ainda vai precisar de um indivíduo para executá-lo, talvez alguém sem nenhuma prática ou que já esteja desempenhando outra função no projeto. Isto não é um problema quando a pessoa está ganhando experiência ou quando ainda não sabe quais são seus talentos, muito pelo contrário: é fantástico! É muito recompensador realizar um projeto e, no caminho, descobrir que alguma coisa que nem imaginávamos que precisaria ser feito pode ser executado por nós mesmos.

Analisaremos agora o que faltou nesse exemplo e que não apareceu no *remake* do Pacman, que são os fundos sonoros.

Os fundos sonoros ou *backgrounds* são muito utilizados e têm um papel importante no desenho de som para o cinema. Uma cena que não tem um som de fundo pode dar a impressão de que não está acontecendo de maneira real. Em uma situação sem o som de fundo, pode parecer que estamos observando o que um dos personagens está pensando. Imaginemos uma cena que apresenta dois homens ajoelhados em uma área externa, com lençóis que estão pendurados em um varal. Não há som de vento nem de nada do que aparece na imagem: apenas o silêncio. Para dar dramaticidade, basta colocar o som de batidas cardíacas e é fácil supor que um dos homens vai atacar o outro com uma fúria descontrolada a qualquer momento.

Quanto mais teor tiver a história do jogo e quanto mais complexo for o conceito do material, mais detalhes deverão ser desenhados no som para que a história seja bem contada. Os sons podem expressar aquilo que, por vezes, nem mesmo as falas conseguem alcançar.

Em algumas ocasiões, é preciso apenas colocar um som de ambiente para que as cenas internas não tenham o mesmo efeito exemplificado anteriormente. Pode ser usado um microfone condensador em uma sala do mesmo tamanho da que aparece na cena e colocado um som ao fundo como um ruído neutro, apenas para se ter ar na sala. O silêncio gera um aspecto de "falta de atmosfera", que pode não ser aquilo de que a cena precise. Vale destacar: o silêncio é muito ruidoso.

Para abrir a mente em relação ao som de fundo, recomendamos que seja feita a leitura da obra *A afinação do mundo: uma exploração pioneira pela história passada e pelo atual estado do mais negligenciado aspecto de nosso ambiente – a paisagem sonora,* de R. Murray Schafer (2001). Esse autor tem ainda um livro de exercícios para compositores que é muito interessante, chamado *O ouvido pensante* (Schafer, 1991).

O silêncio também foi estudado por muitos outros autores, mas John Cage, o compositor norte-americano, fez um experimento muito interessante que ilustra a afirmação "O silêncio nem mesmo existe". John Cage se colocou em uma câmara anecoica[1]. Depois de algum tempo dentro de tal câmara, Cage (1985) relatou que ouvia dois sons distintos: o som grave de sua corrente sanguínea e o som agudo, provavelmente, das ondas elétricas de seus nervos fazendo barulho.

Nas palavras de Cage (1985, p. 8),

> Não existe essa coisa de espaço vazio ou tempo vazio. Sempre há algo para ver, algo para ouvir. Efetivamente, não importa o quanto tentemos fazer silêncio, não podemos. Para certos propósitos de engenharia, é desejável ter uma situação tão silenciosa quanto possível. Um ambiente desse tipo é chamado câmara anecoica, suas seis paredes feitas de material especial, uma sala sem ecos. Há vários anos, na Universidade de Harvard, eu entrei em uma e ouvi dois sons, um grave e um agudo. Quando os descrevi ao engenheiro encarregado, ele me informou que o agudo era meu sistema nervoso em operação, e o grave, meu sangue em circulação. Até eu morrer haverá sons, e eles continuarão depois da minha morte. Não é necessário temer pelo futuro da música.

---

[1] "Uma câmara anecoica é um quarto com paredes, teto e chão desenhados para absorver os sons que se possam fazer nesse quarto, em vez de reverberar. Uma câmara anecoica é habitualmente à prova de som" (Garcia, 2019).

Pensar os planos sonoros como paisagens e encarar dilemas como o silêncio pode ser um diferencial artístico para o processo do desenho de som do projeto, pois, com isso, as águas ficam cada vez mais profundas.

1.6 Perguntas importantes

A consistência do projeto deve basear-se em manter um **conceito**. Se o profissional criou uma paisagem sonora com todos os elementos e todos eles se articulam bem, o projeto está no caminho certo. É mais importante que os sons funcionem bem do que o desenho de som ter enorme complexidade e nada funcionar a favor do jogo. O principal não deve ser esquecido: a experiência do jogador em relação ao tempo que ele vai passar jogando. O jogo está prazeroso? O jogador imerge no jogo?

Essas perguntas são mais importantes do que ideias como "Estou conseguindo imprimir um estilo artístico no som do vento?". Claro que, se o jogo for conceitual e artístico e o desenvolvedor assim o desejar, essa seria uma das perguntas mais importantes. A orientação aqui é: deve-se fazer as perguntas certas para saber se o caminho traçado está na direção correta.

Por isso, deve-se alinhar e gerenciar a expectativa daqueles que realmente precisam ser supridos: o desenvolvedor do jogo e os futuros jogadores. Quem precisa ser suprido primeiro? Nesse caso, devem-se levar em conta as necessidades do contratante; caso contrário, o trabalho não vai chegar ao consumidor final. Dessa forma, é importante alinhar as expectativas. Quando já se tem alguma experiência com as entregas no ramo da produção sonora, já se sabe o que pode e o que não pode ser feito. No caso de uma real possibilidade de execução de um projeto, é fácil alinhar com o contratante quais necessidades dele são passíveis de serem atendidas. Caso o desenvolvedor do jogo peça para realizar uma tarefa impossível como se fosse algo trivial, o profissional terá de alinhar essa expectativa com o desenvolvedor, sempre sinalizando caso acredite que a tarefa não pode ser executada.

Uma solução inteligente é anotar o que precisa ser feito e encontrar uma saída para tudo, antes de sair declinando oportunidades de trabalho. No caso das vozes, se o desenvolvedor não tiver orçamento para contratar oito atores, pode-se tentar colocar pelo menos a necessidade de ter oito vozes diferentes, mesmo que sejam pessoas sem experiência que aceitem se aventurar em fazer algo novo.

Outras questões que se impõem ao profissional são: Haverá tempo suficiente para executar o projeto? Será necessária ajuda? Quais são as partes do projeto que podem ser delegadas? Existe alguma capacidade necessária para a execução do projeto que seja preciso buscar em outra pessoa? Qual é o orçamento destinado ao som do jogo? Essas são perguntas que devem ser feitas, pois podem impedir que o desenhista de som entre em um barco furado.

O espírito aventureiro do produtor sonoro pode levá-lo a fazer escolhas muito ruins. Por isso, é melhor tirar todas as dúvidas e ter algum nível de certeza daquilo de que se está prestes a participar.

1.7 Introdução à disciplina

Pincelados os conceitos do que é necessário para se fazer um desenho de som para jogos eletrônicos, abordaremos, nesta seção, todas essas partes com mais riqueza de detalhes e com um foco um pouco mais técnico. Esperamos que a preparação não somente sirva para deixar o profissional com vontade de executar a composição da música, fazer a captação e a síntese dos efeitos sonoros, desenvolver os fundos sonoros, pensar nas dinâmicas da mixagem em relação aos eventos do jogo ou mudanças dos cenários, mas também que o texto o leve a refletir sobre a gestão do projeto.

É preciso que todos os envolvidos tenham consciência das partes do projeto, para que não sejam apenas células soltas, mas sim líderes capazes de levar o trabalho até o fim, alcançando os objetivos como indivíduos e ajudando a equipe toda a obter suas realizações. É dever daquele que se dispõe a fazer algo bem-feito que vá além e possa aprender e ensinar outros profissionais.

Mais adiante, trataremos de gravação, edição, mixagem e masterização. Apresentaremos os diferentes tipos de equipamentos que são necessários para captar sons – vozes, instrumentos e *foleys*, entre outros. É necessário estudar um pouco de acústica, pois é essencial imprimir, em alguns jogos, uma acústica sintética.

Nesse sentido, é imprescindível conhecer o básico da parte técnica de uma gravação: os tipos de microfone, como funciona uma onda sonora e como se formam os timbres. Além disso, deve-se estudar tudo o que for relevante para que o desenho de som seja executado de uma maneira mais certeira. Quando se sabe como os sons funcionam na natureza, é mais fácil tentar recriá-los. Inclusive, quando se observam as situações ideais e as situações da natureza, e é preciso colocar vida por meio dos sons, lições muito valiosas vêm à tona. Um exemplo impactante sobre isso são os *lasers* no espaço: o que seria dos filmes de ficção científica se fossem feitos com sons realistas? Bem, nesse caso, eles não teriam sons. Monstros precisam ser monstros e explosões precisam ser extremamente explosivas. Os sons reais nem sempre são tão carregados de informações, como aqueles que são modelados para jogos ou filmes.

Vejamos com mais detalhes a montagem das bibliotecas sonoras, desde a criação de uma lista, como a estruturação completa no DAW. Além de saber encontrar os sons, é preciso saber deixar o projeto organizado para futuras consultas ou alterações.

A música, a composição musical e as possibilidades e os estilos de criação que podem ser utilizados para a criação de trilhas inesquecíveis são incontáveis. Vamos nos aprofundar e entrar em um ambiente não tão técnico assim. Não temos escapatória, precisamos falar sobre a mais temida de todas as artes: as partituras.

Assim, teremos de nos aventurar no mundo dos compositores de verdade. Talvez seja uma maneira de vingança contra os programadores arrogantes, com suas variáveis booleanas, cheios de comandos como *if* e *else* e com linguagens de programação ininteligíveis.

Embora a quantidade de tolices seja grande, existe uma verdade sobre a composição musical: ela é algo tão difícil quanto ou até mais do que a programação. Muitos preferem desenvolver música de uma maneira "menos formal", mas, desse modo, nunca alcançarão a capacidade que poderiam desenvolver. Um compositor de verdade precisa estudar teoria musical, arranjo e orquestração, precisa saber escrever música, precisa conhecer harmonia e seria muito bom que soubesse o que é e como funciona o contraponto. Além disso, principalmente quando se trata de compor para filmes e jogos, é essencial que ele conheça a história da música ocidental.

Com todas essas informações, o objetivo é que o compositor tenha uma boa base de conhecimento para executar desenhos de som para jogos eletrônicos. Não é o objetivo criar um rígido manual de instruções, com processos definidos e que são imutáveis, muito pelo contrário. O propósito é abrir as mentes às inúmeras possibilidades criativas e traçar algumas diretrizes para o profissional não ficar travado em nenhuma parte do processo, mas que ele sempre sinta que é possível trabalhar de muitas outras formas. Todavia, esperamos que as indicações sobre trabalho em equipe, organização e cumprimento de processos sejam levadas a sério e que os leitores realmente consigam executar projetos.

Somente se alcança firmeza e maestria quando se produz muitas vezes e de diferentes formas. Esse é apenas o começo da grande jornada cheia de explosões, buzinas, trilhas inesquecíveis, derrapadas, mais explosões, falas com grandes frases de efeito e histórias intrigantes.

Ernest Davies/Shutterstock

CAPÍTULO 2

MÚSICAS PARA JOGOS ELETRÔNICOS

A música nos jogos eletrônicos pode ter diversas funções, muitas vezes os elementos musicais por si só podem carregar todo o som do jogo, tornando vivo aquilo que poderia ser quase um cinema mudo acoplado de variáveis.

A composição musical é uma arte que pode ser estudada à parte. É verdade que se dedicar aos estudos necessários leva anos, mas essa arte não permite que o músico – o estudante, o indivíduo contemporâneo – tranque-se em um calabouço vienense para aprimorar a arte da fuga. É necessário absorver o máximo de cultura *pop* e de técnicas de composição que já sirvam de apoio para que os jogos ganhem vida.

Em menos de um ano, tudo pode mudar, e o mundo precisará de novas trilhas sonoras, novos temas, novos arranjos, novas orquestrações, novos efeitos sonoros e novos elementos musicais.

2.1 Choque de realidade

Para abordar a composição, é necessário que primeiro falemos sobre a realidade. Compor não é fácil e qualquer opinião contrária provavelmente vai partir de alguma pessoa leiga na área. No prefácio do livro *Treinamento elementar para músicos*, Paul Hindemith (1998, p. 7) afirma:

> O estudante que faz, pela primeira vez, um curso de harmonia, está, em geral, insuficientemente preparado no que diz respeito aos princípios básicos que regem o ritmo, o compasso, os intervalos, as escalas, a notação e sua correta aplicação.

O professor de harmonia, em todas as fases do seu ensino, tem que enfrentar o fato de que seus alunos não têm bases sólidas sobre as quais se possa construir.

Vale ressaltar que Hindemith está se referindo somente a harmonia. Contudo, quando vencemos desafios, entramos em novos níveis, como todos que jogam *videogames* sabem. Assim, é importante que o profissional tenha boas noções sobre os princípios básicos de ritmo, compassos, intervalos, escalas, notação e sua correta aplicação. Até mesmo a palavra *princípio* é importante nessa sentença. Segundo o dicionário Houaiss (IAH, 2021): " proposição elementar e fundamental que serve de base a uma ordem de conhecimentos [...] lei de caráter geral com papel fundamental no desenvolvimento de uma teoria e da qual outras leis podem ser derivadas".

Certos pilares do conhecimento musical são imprescindíveis para quem se dispõe a desempenhar o papel do compositor. Alguns livros extremamente importantes, tanto para o estudo básico quanto o avançado, também têm em seus títulos a palavra *princípio*, como *Principles of Rhythm,* de Paul Creston (1964), para quem já sabe escrever música e deseja melhorar ainda mais sua escrita, e o famoso e essencial – todos os compositores precisam ler este livro para começar a escrever arranjos orquestrais – *Principles of Orchestration,* de Noikolai Rimsky-Korsakov (1964).

Reforçamos que não é nosso objetivo criar um rígido manual de instruções com processos definidos e imutáveis. Muito pelo contrário: nossa intenção é abrir as mentes às inúmeras possibilidades criativas.

Neste momento, porém, é preciso ser obediente, e não criativo. A orquestração para o compositor é importante, e o livro de Rimsky-Korsakov, apesar de ter sido lançado em 1913, é muito moderno. Mesmo sabendo escrever música e fazer alguns arranjos, o profissional da composição deve lê-lo, para que as ideias fiquem ainda melhores e seja possível alcançar um novo nível no desenvolvimento de trilhas.

2.2 Composição

Entre músicos e estudantes de música, até mesmo entre os de música erudita; são poucos os que escolhem o caminho da composição e da regência. A composição musical é solitária.

Os estudos para se tornar um compositor são extremamente prazerosos para o músico. Não é necessário começar desde a infância, mas todas as experiências musicais são muito bem-vindas. Crianças podem aprender música por meio de cantigas e brincadeiras e não precisam se preocupar em fazer nenhum tipo de associação complexa; elas apenas se desenvolvem como seres humanos sem perceber que estão aumentando suas capacidades cognitivas; ou seja, aumentam as capacidades de perceber e de assimilar o mundo a sua volta, o que é vital para um compositor.

> Desde bem pequenos observamos que a música já faz parte da vida, pelo seu poder criador e libertador, a música torna-se um grande recurso educativo a ser utilizado na Pré-Escola. Segundo Leda Osório (2011) estudos realizados permitem dizer que a infância é um grande período de percepção do ambiente que nos cerca, pois a criança é influenciada pelo que acontece a sua volta. A música é uma linguagem que comunica e expressa sensações, a criança desde o nascimento vive ao mesmo tempo em um meio onde descobre coisas todo o tempo, pois sua interação com o mundo a permite desenvolver o individual. [...]

> A maneira a favorecer a sensibilidade, a criatividade, o senso rítmico, o ouvido musical, o prazer de ouvir música, a imaginação, a memória, a concentração, a atenção, a autodisciplina, o respeito ao próximo, o desenvolvimento psicológico, a socialização e a afetividade, além de originar a uma efetiva consciência corporal e de movimentação. Segundo Koellreutter (2001) é preciso aprender a apreender o que ensinar. (Oliveira, 2021)

Não obstante, é aconselhável estudar um instrumento musical. Isso pode acontecer naturalmente depois dos 6 anos de idade e fará muito bem para o desenvolvimento do compositor.

Não existe um instrumento musical que seja indicado para se aprender a fim de se tornar futuramente um compositor. Aulas de piano podem ser valiosas, mas não são um pedágio. Aulas de violão, bateria ou clarineta, desde que sejam com o mínimo de instrução de teoria, ajudam bastante.

O passo seguinte mais comum é aprender harmonia. O aluno de um instrumento musical que quer melhorar suas habilidades começa a sentir a necessidade de entender como a música funciona. Normalmente, os interessados em *jazz* e em música popular brasileira procuram aulas de harmonia para entender como improvisar.

Muitos alunos se descobrem compositores ao aprenderem a improvisar. Claro que existem músicos que, por puro instinto, mesmo sem fazer aulas ou receber instruções formais, improvisam sons e conseguem atingir resultados estéticos muito interessantes. Nosso foco é deixar claro um caminho de estudos para que, mesmo que você, leitor, nunca tenha tido experiência relevante com música, possa se preparar para compor música para jogos eletrônicos.

Depois de aprender harmonia e estar habituado a improvisar com base nos acordes e no campo harmônico, já sabendo fazer substituições de notas e rearmonização de músicas, o aluno provavelmente precisará estudar mais teoria musical para organizar todas as estratégias de escrita musical a fim de obter o melhor resultado em grupo. É quando aprende a escrever música para que um grupo siga instruções que o compositor está compondo, mesmo que com um material não original.

É pequena a distância entre reinventar uma música que todos já conhecem e criar uma composição totalmente original. Muitas vezes, depois de aprender harmonia e saber escrever as partes para outros músicos, é mais fácil que surja uma nova criação do que um arranjo novo para uma música que já exista.

Na prática da composição, o comum é trabalhar sozinho utilizando o computador e o fone de ouvido, ao passo que para o desenvolvimento como compositor é preciso muitas horas em um grupo de músicos para acelerar o processo de aprendizado. É uma ótima experiência participar de um grupo musical autoral para vivenciar a própria criatividade e observar a criatividade alheia. Valendo-se um pouco de cada uma destas etapas, por mais diversas que possam ser as experiências individuais de cada aluno, todos terão um arcabouço muito rico de informações musicais que tendem a refletir em mais criatividade e mais capacidade inventiva para compor as trilhas no futuro.

2.2.1 O que um compositor deve saber

Na sequência, apresentaremos algumas listas de *softwares* que os compositores devem procurar instalar em seus computadores para que produzir música. Antes de começarmos a comentar sobre a produção, voltaremos nosso olhar para os recursos intelectuais referentes à composição, que são importantes para a formação ou para o aprimoramento do compositor.

Uma habilidade que não se pode ensinar é a criatividade, porém, até mesmo algo tão subjetivo pode ser instigado, treinado e exercitado. Compositores passam horas estudando história da música – pelo menos dois anos da grade de um curso superior de composição são dedicados à história da música erudita, abordando-se a evolução das técnicas de composição, dos estilos e da própria escrita musical.

A escrita musical para o compositor tem um papel fundamental. Um compositor de música eletrônica que não tenha muito contato com escrita musical deve buscar esse conhecimento para elevar o nível de sua composição. Todos os compositores, até mesmo os mais experientes, precisam saber escrever bem.

Saber compor uma música vai além de trabalhar a altura das notas e a escrita dos ritmos. Existem instrumentos que são **transpositores**, como o trompete e a clarineta, que são fabricados em Si bemol, ou seja: quando se escreve uma nota Dó, o instrumentista toca pensando Dó, mas o som real do instrumento é um Si bemol. Dessa forma, todas as notas precisam ser escritas um tom inteiro acima para que representem o som real.

Suponhamos que um compositor faça toda a trilha de um jogo usando recursos digitais e o desenvolvedor principal, contratante do desenho de som, acha tudo ótimo. Ele só pede para que sejam regravadas as linhas originais utilizando um clarinete de verdade, para dar mais ênfase ao conceito do jogo. Se o produtor não souber escrever música, ele vai ter dificuldades. Pode até ser que, em um primeiro momento, ele pense que o músico que vai tocar a clarineta o faça de ouvido e está tudo muito bem.

Como resultado, o clarinetista pode passar 3 horas pedindo para escutar as trilhas infinitas vezes dentro do estúdio de gravação. A sessão pode acabar sem que seja feita nem mesmo uma das trinta trilhas que precisavam ser entregues. Instrumentistas não são perfeitos, apesar de estudarem muito para serem bons no que fazem. Porém, se os instrumentistas têm uma qualidade é que eles estudam leitura. Se o produtor soubesse ao menos exportar a linha principal das trilhas compostas em um arquivo MIDI (*Musical Instrument Digital Interface*) e editar para que tudo fosse transposto um tom acima, com certeza a sessão de gravação seria mais fácil para o instrumentista que já está acostumado a leituras.

Figura 2.1 **Arquivo MIDI importado sem edição**

Figura 2.2 **Partitura editada**

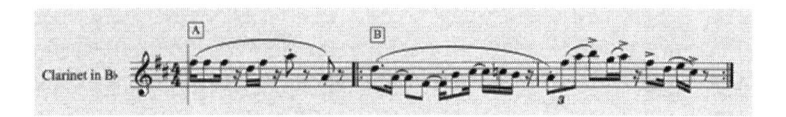

Um arquivo MIDI não insere ligaduras de frase, não fornece instrução de que o instrumento é transpositor, não aplica marcação de sessões como A ou B e assim por diante. Por isso, um compositor (ou um produtor) responsável pela entrega do material deve tomar as providências necessárias para que o músico contratado possa executar a tarefa da melhor maneira e no tempo adequado para a sessão de gravação.

Em acréscimo, o compositor que estiver estudando precisa treinar seus conhecimentos compondo formas e formações musicais tradicionais. Além de servirem como uma ótima maneira de exercitar a criatividade e aprender regras do passado, estas são essenciais para se obter conhecimento sobre as maneiras diferentes de fazer música. Pode ser que, no futuro, aquela fuga que o compositor aprendeu a fazer sirva de ferramenta para escrever uma ou várias trilhas de algum novo projeto.

Mais do que isso, é importante conhecer formas musicais como sonatas, suítes, sinfonias, árias, recitativos, óperas e cantatas, entre muitas outras, e formações instrumentais tradicionais como trios, quartetos de cordas, quintetos de sopros, grupo vocal soprano, alto, tenor e baixo (SATB), banda sinfônica etc. Além de aprender a escrever para instrumentos solo, como piano, violino, flauta e todos os outros que figuram na posição de solistas.

Aprender a escrever para um instrumento implica o compositor estudar as características dele, para saber compor uma música que funcione bem para esse instrumento, evitando aquilo que não é possível realizar. Na Figura 2.1, vemos que o arquivo MIDI era originalmente designado para violino e continha, em alguns momentos, notas simultâneas. Isso é comum nesse instrumento, pois ele conta com quatro cordas; na clarineta, isso é impossível, por se tratar de um instrumento de sopro que só emite uma nota de cada vez. Na Figura 2.2, todos os momentos em que havia duas notas simultâneas foram reescritos, para que apenas a nota da melodia original permanecesse. As notas acrescentadas ressaltavam a harmonia da música, mas, quando se trata de uma limitação física do instrumento, o compositor deve saber escolher o que escrever para que a música seja realmente executada.

Cabe destacar que conhecer harmonia e contraponto faz muito bem ao compositor, pois pode ser que ele tenha experiências com música popular ou até mesmo com *jazz* e saiba escrever as músicas em uma partitura, com a habilidade de harmonizar melodias. Então, o passo seguinte é aprender o outro lado da moeda, que é dominar harmonia e contraponto, a maneira tradicional da música erudita de analisar a música e um dos métodos de composição mais utilizados por compositores durante quase três séculos.

Mesmo que esses recursos pareçam ser exclusivos da composição de música erudita, a minoria dos trabalhos finais é para concursos acadêmicos de composição de música desse tipo. São ferramentas para desenvolvimento de qualquer estilo de música, para as mais variadas finalidades: filmes, curtas-metragens, comerciais, bibliotecas de *loops*, *podcasts*, vídeos de internet e uma infinidade de trabalhos que pouco têm relação com a música em si. Por fim, aprendendo música com os grandes mestres do passado, o compositor nunca será pego de surpresa.

2.2.2 Tendências do mercado

No canal Vienna Symphonic Library no *site* YouTube, encontramos uma interessante entrevista com Danny Elfman, um compositor de trilhas sonoras para filmes, sobre quem já falamos anteriormente. Perguntado se ele via uma tendência na composição de trilhas sonoras e se ele sabia exatamente para onde ele mesmo estava indo, Elfman (2014, tradução nossa) respondeu:

> Eu nunca sei exatamente onde eu, particularmente, vou. Tento ver de momento a momento e tento fazer o meu melhor. Eu tenho que ficar o mais afastado possível das tendências gerais das composições de trilhas sonoras, pois se você ficar correndo atrás das tendências você pode perder a sua própria essência.

Pode parecer contraditório em um momento excluir todo e qualquer estrangeiro ou novato no campo da composição e logo em seguida enfatizar a importância de não ficar seguindo tendências. Contudo, a verdade é que é preciso ter o mesmo fundamento no básico, nos princípios, mas, quando estiver preparado, é melhor não se deixar levar por nenhuma tendência da moda.

Tudo tem sua hora e seu lugar, mas, quando sabe compor música, o profissional aplica o clima correto para cada fase e escolhe o instrumento certo para tocar o tema do herói.

Existem várias tendências musicais diferentes no mercado dos jogos eletrônicos. Mais adiante, veremos uma lista com 20 das mais interessantes trilhas sonoras de todos os tempos. Mesmo com todas as tendências e com a moda, o compositor que se mantiver fiel àquilo que ele acha bom e ao que ele aprendeu a fazer, sempre entregará o melhor de si e permanecerá trabalhando.

2.3 *Softwares* para criação musical

É difícil encontrar compositores que utilizem apenas cadernos hoje em dia. Estamos todos vivendo a era das redes sociais, em que a grande maioria das pessoas dispõe de um *smartphone*. Todavia, para saber utilizar os aplicativos, o compositor precisa saber compor. Não adianta configurar um supercomputador com todos os *softwares* para produção de trilhas sonoras e *plugins* que fazem o som ficar fantástico se o compositor não souber trabalhar o material musical.

Em suma, as ferramentas digitais potencializam a capacidade do usuário que já sabe fazer música, garantindo melhor qualidade, mais eficiência e mais profissionalismo.

2.3.1 *Softwares* de notação musical

Existem *softwares* de notação musical que contêm instrumentos virtuais e, apenas escrevendo as partituras, já se consegue exportar os sons para serem ouvidos em qualquer outro computador ou exportar em arquivos MIDI para ser aberto ou importado em algum outro *software* como o Digital Audio Workstation (DAW).

MIDI (Musical Instrument Digital Interface) especifica um esquema de interconexão física e um método de comunicação lógica que possibilitam o controle de instrumentos musicais em tempo real. Especifica também uma sintaxe para a codificação de informações de *performance* composta por uma sequência de mensagens e dados de comunicação em formato binário. (Silva, 1999, p. 12)

Exemplos de *softwares* de notação musical são o Encore, o Finale e o Sibelius. Existem muitas opções, e cada compositor tem seu *software* preferido por saber utilizar melhor as ferramentas, as teclas de atalho, as maneiras de aumentar ou de modificar as bibliotecas de sons, entre outras funções. Porém, todos os *softwares* que se propõem a notar música são úteis para o compositor.

Esses programas são direcionados a compositores que dominam bem a arte da escrita e que, muitas vezes, compõem melhor do que executam algum instrumento. Contudo, quando o compositor já tem certa intimidade com o teclado, o que é muito comum, pode ser utilizado o modo de entrada de notas por meio de um controlador MIDI.

Qualquer teclado musical eletrônico que disponha da porta *MIDI Out* pode ser usado como controlador de um sintetizador virtual. Entretanto, é necessário verificar com atenção qual conexão MIDI entre o computador e o instrumento pode ser realizada. Os novos teclados são conectados, geralmente, via cabo USB; já os mais antigos, pelos cabos MIDI convencionais.

No caso dos novos, faz-se necessária uma interface MIDI-USB. Os modelos lançados nos anos 1990, como o controlador Roland A30, não têm conexão MIDI-USB. Já os equipamentos mais recentes, como o Studiologic Acuna 88, têm portas *MIDI In/Out* e USB para comunicação MIDI (Teclas & Afins, 2016).

Em um *software* de notação musical, é possível editar partituras, escrever arranjos e organizar todas as partes para que músicos as possam ler para executar a música – se no projeto for necessário que sejam gravadas algumas ou todas as músicas.

2.3.3 Samplers

Não é raro encontrarmos produtores de música eletrônica trabalhando como compositores de trilhas sonoras para jogos. Muitos produtores já estão acostumados com as ferramentas chamadas *samplers*, que são um *software* que utiliza *samples*, ou seja: amostras de sons que podem ser manipulados via controlador USB ou usando MIDI.

Existem instrumentos virtuais que podem ser instalados, e há a possibilidade de serem inseridas novas amostras de sons. Isso aumenta a possibilidade de timbres, pois o compositor ou o produtor podem criar instrumentos.

Um dos *samplers* mais conhecidos no mercado é o FL Studio, Fruit Loops, que se tornou um DAW por ser muito utilizado por produtores. Atualmente, está em sua versão 20.7.1, tendo 20 anos de atividade no mercado da produção sonora. A popularidade e as funções que esse *software* oferecia em suas versões antigas eram tão boas que os desenvolvedores decidiram expandir as funções e deixá-lo completo para a produção.

A ideia básica dos *samplers* é que o profissional inclua trechos ou amostras de sons e os associe às notas que serão disparadas por um arquivo MIDI ou por um controlador MIDI, de forma que qualquer sinal desse formato possa controlar a amostra de som. As opções podem ir de extremamente simples, como pegar um único trecho gravado – um latido, por exemplo –, e, quando se associar um arquivo MIDI ou nota tocada no controlador MIDI, o som será disparado. Até mesmo uma mudança radical de fonte sonora dependendo de algum dos parâmetros MIDI pode ser realizada, ou seja, pode-se fazer um banco de sons distinto para cada valor de intensidade – que varia de 0 a 127. Isso pode se tornar uma tabela de sons bem complexa.

É possível associar várias amostras distintas, uma para teclado, ou até mesmo diferentes trechos gravados para serem disparados em condições diferentes, por exemplo: a intensidade de som em um evento MIDI varia no parâmetro chamado *Velocity*, que pode variar de 0 até 127, sendo 0 a intensidade mais fraca possível, e 127 a mais forte. É possível associar diferentes arquivos para uma mesma nota musical, por exemplo, um Dó central (C3), que, quando tocado com *velocity* de 0 até 80, dispara o arquivo "piano_c3_v0-v80.wav", e, quando o *velocity* dessa nota for maior do que 80, dispara o arquivo "piano_c3_v81-127.wav".

Quando se deseja fazer novos instrumentos para novos conceitos, os *samplers* podem ajudar muito. Recriar um piano talvez seja uma perda de tempo, mas, quando precisamos de um instrumento que só existe na imaginação dos desenvolvedores de um novo jogo, isso pode ser um grande diferencial.

A programação de um novo instrumento não precisa resolver todos os problemas conceituais da trilha sonora, mas pode complementá-la e caracterizá-la de maneira eficaz. Trata-se de uma ferramenta que pode ajudar a construir o diferencial da trilha sonora.

Existem *samplers* que podem ser usados em modo *stand alone*, isto é, rodando sem a necessidade de outro *software* para controlá-lo, ou podem rodar em modo *rewire*, ou seja: sendo controlado por um DAW.

Caso haja dificuldade de fazer o *sampler* funcionar em conjunto com o DAW, o profissional pode exportar em MIDI uma das faixas que ele está querendo "ressamplear" e importá-la no *sampler* – fazer um *bounce*, isto é, exportar um arquivo com o timbre associado ao MIDI que veio do projeto e então importá-lo em áudio novamente para o projeto.

2.3.4 Digital Audio Workstation

No caso de o compositor utilizar o teclado controlador para inserir as notas, o *software* mais indicado é o Digital Audio Workstation (DAW).

> As *Digital Audio Workstations* ou simplesmente DAW, são ambientes virtuais de produção musical dotados de muitas ferramentas que possibilitam gravar, editar, misturar, somar, equalizar, modificar sons, escrever partituras e notas em formato MIDI (...). São os *softwares* utilizados em estúdios profissionais e em *home-studios* para gravação de música. Com o crescente aumento da capacidade computacional, esses *softwares* possuem todos os recursos e ferramentas para que o usuário componha desde os primeiros rascunhos de uma ideia e a partir dela desenvolva os arranjos utilizando os instrumentos virtuais até chegar à versão final da música, pronta para ser distribuída em formato mp3, na internet, por exemplo. Portanto as DAW são ambientes completos para criação de música de qualquer gênero. (Ferreira, 2019, p. 2)

Esta é a maior arma de todas. Um DAW com um banco de sons incrível pode ser a ferramenta principal para tornar real, audível e contratável as ideias do compositor.

Figura 2.3 - **DAW**

No caso de se entregar uma ferramenta poderosa dessas nas mãos de alguém que não é conhecedor de música, certamente essa pessoa passará pelos seguintes estágios: o vislumbre de que é possível fazer música, sem nem ao menos saber o que se está fazendo; o momento em que se pode escrever aquilo que se consegue tocar em um instrumento; e a experiência de compor música com maestria a ponto de ela soar como uma trilha sonora de verdade.

Por outro lado, o DAW é uma ferramenta que pode fazer um novo talento ser descoberto. Deixar um programa funcionando, instalar *plugins* para que ele tenha todos os timbres disponíveis, ajustar um *set up* de equipamentos para que um material seja gravado, editado, mixado e masterizado é uma forma de fazer acontecer. Em outras palavras: o DAW permite transformar as ideias em algo concreto.

Um dos recursos mais importantes de um DAW são as múltiplas pistas ou faixas de áudio ou de MIDI. Isso quer dizer que é possível gravar um som acústico e um som do tipo MIDI, que é uma maneira de sintetizar o timbre depois de gravado.

Ambos os tipos de entradas – áudio ou MIDI – podem ser editados dentro do próprio DAW, para que as notas fiquem nos tempos corretos, tenham a duração corrigida e sejam até mesmo afinadas. No caso do MIDI, a edição pode ser feita quase automaticamente. Alguns DAWs tornam a edição de áudio tão simples quanto a edição MIDI.

É o caso do ProTools em relação à edição de gravações de bateria, que utiliza os recursos *beatdetective* e *elastic audio*. Alguns meios de edição que fazem uma sessão de gravação soar perfeita depois de editada, mesmo que, quando captada, se assemelhe a uma tortura rítmica, justificam os valores que se cobram pela licença original desse tipo de *software*.

Dentro da DAW, é realizada também a mixagem do material. Podem-se instalar *plugins* Virtual Studio Technology (VST) para diversos processamentos diferentes dos sons, para enfatizá-los. Um som de trovão pode ser ressaltado na mixagem, por exemplo, mesmo que a amostra de som original não tenha tanto peso quanto precisava ter.

E, por fim, o DAW serve, ainda, à masterização do projeto. É possível alcançar outro nível de qualidade sonora da mixagem fazendo alguns processamentos específicos. Na masterização, exporta-se o projeto em um arquivo único com as características técnicas exigidas pelos desenvolvedores: 16 bits de profundidade e 44 100 amostras por segundo – qualidade de CD; ou 24 bits de profundidade e 48 mil amostras por segundo – qualidade de DVD; ou qualquer outro formato e parâmetro de exportação.

Compositores, editores, técnicos de mixagem e de masterização podem utilizar DAWs diversas. Podem trabalhar, inclusive, no mesmo estúdio, com o mesmo computador, apesar de não ser o mais comum. No entanto, todos devem ter contato com alguma DAW. É vital para a entrega dos materiais que todos saibam fazer uma boa comunicação de arquivos nos formatos necessários para que a qualidade das trilhas não se perca nesta comunicação.

2.3.5 Virtual Studio Technology e Virtual Studio Technology Instrument

Claro que é necessário saber adicionar uma nova faixa de instrumento e associar um Virtual Studio Technology Instrument (VSTi), ou seja, um instrumento virtual, uma aplicação que simula o som de um instrumento de verdade ou que compila sons sintetizados ou gravados em um instrumento virtual.

> VST significa Virtual Studio Technology, e é uma interface criada pela empresa Steinberg em 1996, ela nos possibilitou simular aparelhos reais, como equalizadores, compressores e quando se escreve com o 'i' no final, se refere ao grupo dedicado a emular Instrumentos musicais (Virtual Studio Technology Instruments) como sintetizadores, baixos, guitarras, saxofones, entre outros. Incrível não? Com certeza foi um salto para a evolução musical, agora, muitos aparelhos caros seriam acessíveis para um número muito maior de pessoas. Foi graças a essa invenção que permitiu você criar uma música a partir do seu smartphone por exemplo. (Medeiros, 2014)

Qualquer DAW oferece a opção de usar instrumentos virtuais e o usuário pode escolher instalar novos instrumentos. Existem bibliotecas enormes de VSTi com sons de orquestra e com outras possibilidades de timbres que são muito úteis para a composição de trilhas.

O *site* Loopmasters fez uma lista com os 15 melhores VST do mercado (Russel, 2021):

THE 15 BEST PLUGINS RIGHT NOW ARE...
– Reaktor (Native Instruments)
– Omnisphere (Spectrasonics)
– LABS (Spitfire Audio)
– Serum (Xfer Records)
– XO (XLN Audio)
– Superior Drummer (ToonTrack)
– VocalSynth (iZotope)
– SPAN (Voxengo)
– Pro-Q (FabFilter)
– Diva (u-he)
– ValhallaRoom (ValhallaDSP)
– Virtual Mix Rack (Slate Digital)
– OTT (Xfer Records)
– Ozone (iZotope)
– ShaperBox (Cableguys)
– Honorable Mentions (Regroover, Pro-C, Avenger, Thorn, Sausage Fattener, Spire, EchoBoy)

Para os produtores que durante o processo de composição já querem ouvir uma prévia do produto parecido com o da entrega final, o VST ajuda muito o DAW adiantar o projeto.

Os principais VSTs são de equalizadores, compressores, *reverbs*, *delays*, *enhancers*, *pitch correction*, *phasers*, simuladores de amplificadores e uma infinidade de recursos virtuais que podem imitar equipamentos reais ou processar o som de novas maneiras.

A lista citada é somente um exemplo de muitas disponíveis na internet. A dica para ter os timbres que se deseja usar é descobrir qual instrumento virtual foi usado para fazer o som escutado em alguma trilha ou em alguma faixa de música do artista tomado como referência. Depois, é preciso instalar no computador e compor um exemplo utilizando o timbre. É possível regular de várias formas o mesmo VST a fim de utilizar essa ferramenta quando for necessário.

Os *plugins* VST são muitos e cada produtor tende a ter seus favoritos. Além disso, existem várias seleções de instrumentos virtuais que podem ser mais úteis ou estar "na moda". No entanto, a biblioteca de timbres que o profissional terá instalada em seu computador de trabalho para fazer trilhas deve sempre conter timbres de orquestra que sejam o mais fiéis possível à realidade.

Também pode ocorrer uma seleção que é mais voltada para a composição de música *pop* do que para a de músicas orquestrais. Por isso, como não se sabe qual é a necessidade dos vários jogos, é importante ter todo tipo de timbres disponíveis.

Segue uma lista das dez melhores bibliotecas de sons de orquestra (Von K, 2021):

1. Vienna Symphonic Library
2. UVI – IRCAM Solo Instruments
3. UVI Orchestral Suite
4. EastWest Quantum Leap Hollywood Orchestra
5. 8Dio-Majestica
6. Spitfire Audio Albion Series
7. Output Analog Brass & Winds
8. Garritan Personal Orchestra 5
9. Garritan Instant Orchestra
10. SONiVOX Film Score Companion

Essa lista tem referências que ajudam a compor uma biblioteca de sons de orquestra suficientes para diferentes trabalhos. Qualquer uma das dez opções tem qualidades, pontos fortes e potencial de preparar o DAW para fazer a escrita soar como as trilhas sonoras orquestrais mais tradicionais do mercado.

Em um segundo momento, depois de o leigo achar que está compondo uma trilha sonora com a mesma competência que um compositor qualificado, ele pode considerar também que não existe a necessidade de contratar um profissional treinado para compor a trilha sonora do jogo.

Seguindo esse raciocínio, o projeto nunca será corrigido em suas questões musicais. Não seria possível perceber que existem elementos de harmonia, contraponto e variação modal no tema que poderiam ser utilizadas para que houvesse várias opções de utilização do tema musical principal do jogo.

2.4 Trilhas sonoras e compositores para jogos eletrônicos

O mundo dos jogos vai muito além do Super Nintendo, e a composição vai muito além da trilha sonora do Super Mario World. Algo novo está acontecendo sempre, mesmo que nossa tendência seja viver em uma bolha de referências próprias. O mundo está sempre mudando e evoluindo, e muitas maneiras diferentes de se pensar a composição de trilhas para jogos vêm sendo desenvolvidas.

Não é propósito montar um novo cânone, mas é interessante receber uma espécie de estímulo com diferentes sinopses de trilhas, que podem valer a pena ser ouvidas como referências. Vejamos no Quadro 2.1 algumas trilhas de jogos famosos.

Quadro 2.1 _ **Trilhas de jogos famosos**

ANO	JOGO	AUTORIA
1992	Streets of Rage 2	Yuzo Koshiro
1993	Doom	Robert Prince
1994	EarthBound	Keiichi Suzuki e Hirokazu Tanaka
1994	Final Fantasy VI	Nobuo Uematsu
1995	Chrono Trigger	Yasunori Mitsuda e Nobuo Uematsu
1995	Donkey Kong Country 2: Diddy's Kong Quest	David Wise e Eveline Fischer
1998	Grim Fandango	Peter McConnell
2004	Katamari Damacy	Yuu Miyake
2005	Shadow Of The Colossus	Kow Otani
2007	Super Mario Galaxy	Mahito Yokota and Koji Kondo
2011	Bastion	Darren Korb
2011	The Elder Scrolls V: Skyrim	Jeremy Soule

(continua)

(Quadro 2.1 – conclusão)

ANO	JOGO	AUTORIA
2012	Hotline Miami	Vários artistas
2012	Journey	Austin Wintory
2015	Crypt of the Necro Dancer	Danny Baranowsky
2015	The Witcher 3: Wild Hunt	Marcin Przybyłowicz
2015	Undertale	Toby Fox
2016	Final Fantasy XV	Yoko Shimomura
2017	Cuphead	Kristofer Maddigan
2017	The Legend of Zelda: Breath of the Wild	Manaka Kataoka, Yasuaki Iwata e Hajime Wakai

Fonte: Elaborado com base em Jensen; Cohen, 2020.

A trilha sonora de *Final Fantasy*, composta por Yoko Shimura, é densa e variada, e tem um nível de sofisticação condizente com o jogo. O compositor mistura muitos estilos para criar os diferentes climas de que o jogo necessita.

Podemos perceber pelo quadro que alguns dos principais compositores de trilhas para jogos são japoneses. Além disso, mesmo com uma cultura musical característica, as trilhas são diversas e existe algo a ser observado: não importa de onde vem o compositor, mas sim a cultura que existe nas trilhas para jogos.

Não se pode supor que a trilha de determinado jogo vai ter características da cultura do compositor, mas se pode esperar que determinado compositor entregue uma trilha sonora que atenda ao que o jogo pede. Quem decidir compor trilhas sonoras já deve se preparar para dar mais atenção ao que o projeto pede do que àquilo que estiver acostumado a compor.

Além de entregar uma trilha sonora condizente com o jogo, o autor deve apresentar um fator de inovação. Todo projeto impõe desafios, e para o compositor é interessante fazer algo novo a fim de que se sinta motivado. No caso do jogo Streets of Rage 2, Yuzo Koshiro encontrou em um estilo de música que estava em evidência no cenário musical da época e conseguiu adaptá-lo de uma forma muito criativa, fazendo a placa de som do console reproduzir a trilha com a mesma qualidade das músicas que lhe serviram de inspiração. Vale a pena comparar a trilha do jogo com as canções que foram usadas como referência pelo compositor.

Toby Fox é o desenvolvedor de Undertale e o compositor da música. É importante ressaltar essa característica desse jogo. A forma como o desenvolvedor inclui a música e como articula outros temas do jogo na trilha do chefe são ações de grande perspicácia. Não podemos ignorar que é alguém que tem um ótimo controle do material musical empregado na obra, e ser o programador no projeto não o impede de ser um bom compositor. Esse é um ótimo exemplo de um indivíduo que faz bem dois papéis em um projeto.

De fato, a lista apresentada é muito variada e cobre grande parte dos jogos eletrônicos que foram sucesso de mercado até 2020. O que podemos analisar dos compositores é a consistência composicional de suas trilhas sonoras, que se encaixam e vão ao encontro do conceito de cada jogo.

Outro ponto é sua capacidade de criar música de verdade, visto que as melhores trilhas sonoras são obras de arte independentemente dos jogos em si. É claro que a interação da música no jogo interessa, mas o compositor precisa saber compor música: ele precisa dominar essa técnica para depois ir adiante e fazer obras-primas.

Por isso, é desaconselhável apostar em alguém que não tem experiência em composição para fazer a música de um jogo. Se a pessoa não tiver as habilidades necessárias para compor, vale muito a pena investir tempo em estudar, caso seja um desejo profissional dele. A maioria dos nomes que estão nas listas apresentadas anteriormente são de compositores altamente gabaritados.

A maioria dos compositores se dedica a estudar música durante muitos anos, aprendem a compor formas musicais antigas como as suítes, buscam analisar obras de J. S. Bach, L. V. Beethoven, além de estudar a maneira como Ravel fazia seus arranjos, por exemplo, para, então, aventurarem-se a compor. Contudo, a realidade pode ser completamente diferente.

Nunca sabemos quando vamos encontrar alguém como Toby Fox, que simplesmente tem uma ideia tão bem estruturada em sua cabeça que não precisa saber de todos esses requisitos, que são importantes, sagrados e quase inalcançáveis. A verdade é que a boa música pode sair de qualquer lugar. No entanto, se alguém quer ser um compositor, deve continuar estudando e trilhando o caminho certo.

2.5 Composição de trilhas sonoras para jogos

O compositor tem muito a estudar e a configurar em seu computador para começar a desenvolver trilhas. Ademais, é preciso ganhar experiência. Portanto, apesar de todas as instruções rigorosas para que o estudante obtenha todo o conhecimento da cultura musical ocidental desde a Antiguidade até os dias atuais, ele deve abandonar o medo e começar a compor para ganhar bagagem. Melhor do que compor sem propósito é procurar por projetos de desenho de som, sejam eles locais, com os amigos, sejam pela internet, em comunidades de desenvolvedores de jogos.

Em síntese, aquele profissional que deseja se dedicar á composição deve motivar-se a escrever e a sempre melhorar. Quando se sentir estagnado, tem de estudar aquilo que ainda não aprendeu, e quando estiver cansado de ler, deve ouvir trilhas dos compositores dos jogos que estão no mercado. Afinal, o músico estuda também quando está ouvindo.

OJADEE/Shutterstock

CAPÍTULO 3

PRODUÇÃO SONORA: PARTE I

Nos próximos capítulos, abordaremos as diversas fases do processo de produção sonora, passando pelas etapas e pela descrição de processos técnicos. Comentaremos esse assunto da maneira mais genérica possível, para mostrar como desempenhar a produção independentemente dos *hardwares* e dos *softwares* que o usuário escolher ou tiver disponíveis.

Existem recomendações dadas por referências externas, e nenhuma das sugestões tem a intenção de fazer propaganda de marcas e modelos de equipamentos ou aplicativos. Consistem, em verdade, em dicas para que o profissional tenha referências para pesquisar e escolher, caso precise adquirir o equipamento necessário para produzir música e desenho de som para jogos.

3.1 Visão geral da produção sonora para jogos eletrônicos

Agora, é necessário já ter um Digital Audio Workstation (DAW) funcionando corretamente. Além disso, ter *setups* de Virtual Studio Technology (VST) e Virtual Studio Technology Instrument (VSTi) instalados é importante, pois vai ser necessário criar toda uma gama de sons, como elementos musicais, efeitos sonoros e sons de fundo, entre outros.

Podemos pensar que, no primeiro momento da produção sonora, é preciso fazer uma decupagem de todos os sons a serem utilizados. Muitas ideias surgem já nesse primeiro momento, mas o desafio maior do produtor sonoro ou do editor de som é lidar com as pequenas resoluções de problemas.

O desenho de som para jogos herdou dois grandes arcabouços culturais e processuais: (1) o desenho de som de cinema, que, por sua vez, herdou (2) a produção musical. A definição de como serão utilizados os sons, como processá-los, como inserir um som para o material final e como misturar sons para se encontrar um resultado para uma ilustração sonora depende do objetivo da produção.

Produzir música difere de produzir sons para o cinema, assim como de produzir sons para jogos, mesmo que todas as ferramentas de processamento de áudio sejam as mesmas. Todavia, as técnicas de edição são semelhantes, e até mesmo a mixagem – apesar de ter técnicas totalmente diferentes e muitos detalhes que precisam ser aprimorados – é sempre muito aproveitada.

Podemos fazer uma analogia com um mecânico que entende muito de motores de carros populares e tem de trabalhar com carros de corrida: muitos conhecimentos vão ajudar a compreender tudo aquilo que vai precisar ser aprimorado ou até mesmo reaprendido.

É interessante olhar para a origem desses arcabouços, pois isso ajuda a identificar as razões de a música para cinema ter sido concebida da forma que foi. Analisemos brevemente o cinema mudo. Na época, não existiam sons, as músicas eram feitas para serem executadas por um pianista enquanto a película era reproduzida. Cada execução era única. O intérprete podia se deixar levar pelo nervosismo e fazer uma música muito diferente daquilo que estava escrito nas partituras.

Aconteceu no dia 6 de outubro de 1927 com a exibição de "O cantor de jazz" (The Jazz Singer), de Alan Crosland, em Nova York. O filme foi o primeiro a ter passagens faladas e cantadas e a usar um sistema sonoro eficaz, conhecido como Vitaphone, lançado um ano antes, em 1926, pela Warner Bros. (Castro, 2012)

Com o advento do áudio nas produções cinematográficas, abriu-se um leque enorme que possibilidades.

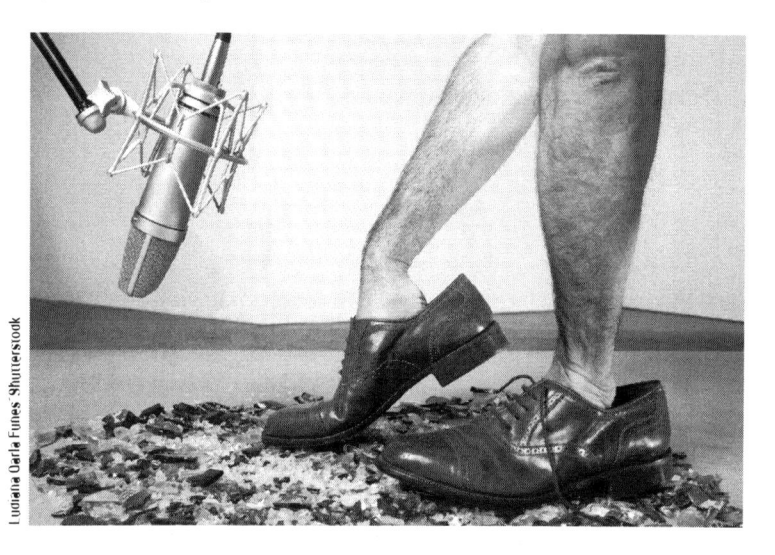

Figura 3.1 – **Gravando passos**

Profissionais realmente criativos modificaram essa realidade, para que os produtores e designers de som chegassem ao nível de sofisticação da atualidade. Hoje, com as técnicas e os procedimentos do desenho de som para cinema, há uma boa base para trabalhar, um princípio. Claro que é possível tomar rumos muito diferentes e reconstruir a maneira de desenvolver a arte dos sons, porém, é mais fácil ser inovador quando se sabe o que é o senso comum.

O que difere a arte de produzir sons para jogos eletrônicos e a de produzir música e sons para cinema é a **interatividade**. Os sons precisam entrar na programação e interagir com as ações de um jogador ou de múltiplos jogadores. No final da produção, o resultado só vai alcançar excelência se o desenvolvedor do jogo puder trabalhar em equipe com o produtor sonoro.

3.2 *Home studio* e estúdios profissionais

Na década de 1980, não era viável financeiramente ter um estúdio em casa. Tudo que fosse produzido precisava ser feito em estúdios profissionais e a tecnologia ainda era majoritariamente analógica. Por isso, a realização de qualquer obra era muito difícil. Porém, foram produzidos muitos jogos, filmes e discos, e alguns deles se tornaram referências em suas categorias. Quando a tecnologia digital foi estabelecida no mercado fonográfico, todo o cenário mudou e começou a haver possibilidades muito mais abrangentes.

No começo dos anos 2000, já era fácil gravar alguma *demo* em casa com a mesma qualidade de um estúdio grande. No mundo dos designers de som para cinema e jogos eletrônicos, por sua vez, já era possível ter resultados incríveis sem sair do quarto. Todavia, questões acústicas, microfones de qualidade profissional, mesas de som com mais de 32 canais, salas diferentes para gravar sons já com *reverb* natural, por exemplo, não estão disponíveis em casa. A estrutura de um estúdio profissional é cara, mas vale o preço.

A gravação de *foleys* ou de efeitos sonoros precisa de salas projetadas para esse fim. Podem até ser menores do que as salas que são projetadas para a gravação de bateria acústica, por exemplo, mas, mesmo assim, estas são condições físicas que não podem ser simplesmente emuladas por computador. De fato, é interessante ter um *home studio* para fazer a pré-produção e editar o material; porém, se o projeto precisar de gravações que não podem ser realizadas no espaço disponível, é imprescindível ir para um estúdio profissional.

É imperioso ter um bom planejamento de tudo o que precisa ser gravado, para que o tempo dentro do estúdio seja otimizado. Essa regra vale para o *home studio* também, mas, quando são envolvidas mais pessoas no processo, deve-se deixar definida uma ordem ou uma sequência de tudo aquilo que precisa ser feito, para que todos saibam o que deles se espera e terminem o trabalho no prazo estipulado.

Como exemplo, podemos imaginar um profissional que se preparou para editar tudo em casa, pois tem um *home studio* no qual tudo funciona, inclusive com controlador MIDI (Musical Instrument Digital Interface), caso precise desenvolver algum elemento musical ou colocar sons em um *sample* e manipulá-lo pelo controlador. Entretanto, sua produção precisa ter as falas gravadas, que já foram escritas, e são necessários sons de tiros de dez armas diferentes, sons de passos de quatro personagens principais e de três tipos diferentes de coadjuvantes, *foleys* de portas, sons de carros e de pássaros e uma lista com cerca de trinta tipos de barulhos diferentes. O orçamento de sua produção prevê 50 horas de estúdio, ou seja, não é infinito. Não vai ser possível gravar todos os sons originais de seu jogo, então, ele terá de escolher prioridades. As falas não podem ser sintetizadas ou gravadas em casa, então, com certeza, entram na lista de gravações em estúdio profissional. Baseados em experiência profissional, podemos afirmar que só nesse processo já se gastariam cerca de 12 horas, tudo correndo bem.

Uma vez que os passos e os sons de tiros e de portas são muito importantes para o jogo, seria interessante que eles não fossem de uma biblioteca de som, pois colocaria em risco sua parte no projeto. Assim, é necessário marcar uma sessão de gravação em um estande de tiros. Somam-se a isso 3 ou 4 horas de gravação, além do aluguel das armas e o gasto com munição – tudo é pelo bem do som do jogo. Talvez a gravação de som direto – que é a equipe que grava o som de um filme enquanto ele é filmado – possa ser um pouco mais cara do que o valor de gravação do estúdio, mas é muito importante que o profissional possa chamar uma equipe ou alguém que já tenha experiência com esse tipo de captação para não gastar tempo e muito menos dinheiro à toa.

Existem estúdios especializados em gravação e em produção de sons para cinema. Há, também, a opção de disponibilizar um *foley artist*, que é um profissional com experiência em manipular objetos para a gravação de sons. Esses profissionais fazem os sons de passos e de roupas, produzem áudios os mais variados de maneiras tão criativas que podem fazer qualquer um mudar sua visão sobre o desenho de som.

Então, o produtor não deve gastar todo o seu tempo e seu dinheiro para montar um estúdio, pois esse não é o caminho. Ele precisa de um espaço em casa no qual possa executar a produção digital, mas deve ter em mente que, quando a produção for grande, ele terá de pensar grande.

Ele também deve pensar que tudo será feito em estúdio, que as pessoas entram no estúdio de gravação e é lá que as ideias acontecem. Por isso, ele deve definir tudo em seu escritório, seu *home studio*, e depois que souber exatamente o que precisa ser feito, contratar as pessoas ou pedir ajuda.

3.3 Noções básicas de acústica

É necessário entender como os ambientes acústicos funcionam para que se possa recriar ou ilustrar sonoramente os ambientes e os cenários nos jogos. Mesmo que a história aconteça, em geral, em um mundo fantasioso e que nem sempre segue as regras do mundo real, é importante saber como a acústica funciona para ilustrar os ambientes. Ter uma boa noção de acústica pode ajudar o *reverb* parecer mais realista e correto durante a criação de planos sonoros.

3.3.1 Reflexão

Se um ambiente do jogo for uma grande sala com paredes de mármore, por exemplo, o desenhista de som terá de garantir que todos os sons nesse ambiente tenham uma reverberação condizente. Não é necessário preocupar-se em captar o som dessa maneira, mas deve-se ter em mente que, na mixagem, tem-se de reproduzir as impressões acústicas que o ambiente exige.

Se uma onda sonora que se propaga no ar encontra uma superfície sólida como obstáculo a sua propagação, esta é refletida, segundo as leis da Reflexão Ótica.

A reflexão em uma superfície é diretamente proporcional à dureza do material. Paredes de concreto, mármore, azulejos, vidro etc. refletem quase 100% do som incidente.

Um ambiente que contenha paredes com muita reflexão sonora, sem um projeto acústico aprimorado, terá uma péssima inteligibilidade da linguagem. É o que acontece, geralmente, com grandes igrejas, salões de clubes, etc. (Fernandes, 2002, p. 33)

Se houver um ambiente no qual, por exemplo, o chefão faz seu discurso malévolo, é decisão do técnico de mixagem ou do produtor passar a impressão correta – o som precisa reverberar –, mas a inteligibilidade dos sons ainda deve acontecer. É mais uma questão de saber **ilustrar** o som do que fazer com que ele seja **real**.

3.3.2 Absorção

Os objetos como cortinas, cadeiras, almofadadas, tapetes e sofás, enfim, todos os itens de um ambiente, têm um coeficiente de absorção. Enfatizamos a ideia de **ilustrar** e não necessariamente imitar uma realidade, porém, é necessário saber que existe diferença de reflexão por causa das absorções. Assim, entende-se que, mesmo que duas salas tenham as mesmas dimensões, os sons deverão mudar de acordo com os objetos que compõem cada uma.

Usando o mesmo exemplo da sala de mármore do chefão que citamos anteriormente, pode-se contribuir com a direção de arte da cena pedindo que sejam acrescentados tapetes de couro, sofás vitorianos e muitas cortinas de veludo para justificar a clareza do som durante o discurso malévolo.

> Absorção é a propriedade de alguns materiais em não permitir que o som seja refletido por uma superfície. [...] Som absorvido por uma superfície, é a quantidade de som dissipado (transformado em calor) mais a quantidade de som transmitido. [...] A dissipação da energia sonora por materiais absorventes depende fundamentalmente da frequência do som: normalmente é grande para altas frequências, caindo para valores muito pequenos para baixas frequências. (Fernandes, 2002, p. 34)

Em um ambiente aberto real, como o terraço de um prédio, não haveria objetos absorvedores; portanto, deve-se pensar em ruídos de fundo que supostamente fossem indesejados, mas que dariam um caráter mais realista à cena. Poderia haver sons de vento, um avião passando ao fundo, com um grave indistinguível, e até mesmo uma rajada de vento que imitasse o som do vento em microfones, como se a cena estivesse sendo captada realmente. É preciso pensar na absorção e na falta dela.

As noções de acústica são importantes, tanto para pensar no material quanto para pensar na construção ou na adaptação de uma sala para o *home studio*. Nosso objetivo não é convencê-lo, leitor, a construir um estúdio, mas pensar em adaptações razoavelmente acessíveis no que tange aos recursos financeiros.

O uso de biombos com revestimentos de materiais absorventes, por exemplo, pode tornar uma sala grande mais adequada para a gravação de vozes. Considerando-se o conhecimento básico de acústica (absorção, reflexão, ondas etc.), é possível utilizar melhor também aquilo que um estúdio profissional pode oferecer.

As possibilidades são tantas que, na maioria das vezes, excedem o necessário. É interessante fazer algumas melhorias acústicas para o lugar, pois, com alguma mudança no espaço e com os equipamentos básicos, o profissional estará pronto para começar alguns projetos. Caso decida montar o *home studio* e fazer pelo menos um estudo sobre acústica, existem muitos guias para auxiliar o profissional nessa aventura. Recomendamos a leitura de um artigo muito acessível de Fábio Mazzeu (2016), *Tratamento acústico para home studio: o guia completo para iniciantes*[1].

3.4 Computador

Estúdios profissionais e os melhores *home studios* investem muito em computadores que tenham bons processadores, muita memória RAM (*random access memory*), discos SSD (*solid state drive*) e muitos discos rígidos externos para armazenar os diversos projetos.

> **Processador**. Quanto mais rápido for o processamento na CPU (unidade central de processamento, na sigla em inglês), mais plug-ins de efeitos e de instrumentos poderão ser usados simultaneamente nas mixagens. A CPU deve ser muito bem refrigerada. O cérebro do computador esquenta muito. O problema é o barulho de certas ventoinhas ou coolers dentro do estúdio. Na configuração de um PC, escolha sempre um processador entre os da Intel ou da AMD. Não precisa ser o topo de linha, mas sim um modelo com boa relação custo/benefício. (Izecksohn, 2014, grifo do original)

---

[1] MAZZEU, F. Tratamento acústico para home studio: o guia completo para iniciantes. **Fabio Mazzeu – Áudio Blog**, 22 set. 2016. Disponível em: <http://fabiomazzeu.com/tratamento-acustico-para-home-studio/>. Acesso em: 3 ago. 2021.

São vários os critérios envolvidos na compra de um computador. Por isso, é preciso informar-se sobre quais são as configurações ideais e sobre a importância de cada uma das características. Não tem como fugir disto: deve-se entender razoavelmente bem de cada uma das ferramentas para poder executar o trabalho sem que seja necessário passar dias esperando um técnico para resolver o problema. É claro que alguns problemas fogem da alçada do produtor sonoro, mas é fundamental conhecer as características importantes do computador para que não seja o caso de trocá-lo por outro em um curto período.

Izecksohn (2014) explica que se deve escolher um computador que não seja barulhento; para isso, a escolha dos melhores *coolers* e fontes de alimentação é essencial. Outros pontos essenciais, os quais já mencionamos, são o processador, a memória, a tecnologia SSD e mais de uma placa de som *onboard*. Para isso, é melhor uma interface de áudio externa.

3.4 Microfones e microfonação

De maneira geral, os microfones podem ser divididos em duas categorias: (1) condensadores e (2) dinâmicos.

Os **microfones condensadores** são muito mais sensíveis e captam mais sons do que os microfones dinâmicos – que são mais duros. Os condensadores têm um sistema elétrico que precisa de uma fonte de alimentação de +48 volts (V), também conhecida por *Phantom Power*. São utilizados para gravar vozes e outras fontes sonoras mais delicadas que precisam de mais qualidade, visto que a quantidade de harmônicos e a potência da fonte sonora são mais fracas. Por exemplo, violão, ambiência da sala em que se grava a bateria, carrilhão, metalofone, talheres, sons de roupas, passos, *foleys* de um homem trabalhando na mesa de um escritório, sons de teclas, sons de papéis e cadeira sendo arrastada, entre outros.

> Os microfones de funcionamento eletromagnético, ou simplesmente dinâmicos, são constituídos basicamente por uma bobina móvel que se desloca de acordo com o som e em relação a um ímã fixo. Esse deslocamento acaba gerando a voltagem que será transportada pelo cabo até o equipamento receptor.
> Microfones de operação eletrostática, conhecidos popularmente como condensadores ou capacitivos, também possuem uma parte que vibra de acordo com o som incidente, denominado de capacitor. Essa vibração, que causa uma voltagem, é "monitorada" e depois tem sua voltagem ampliada no próprio microfone. (Nocko, 2011, p. 21)

Os **microfones dinâmicos** não precisam de alimentação e são utilizados para gravar fontes sonoras com maior potência, como amplificadores de guitarra, caixas de bateria, trombones, tiros e portas, entre outros.

Certas peculiaridades dos modelos de microfone o tornam melhor para uma fonte sonora específica. Por exemplo, os microfones que captam bumbo de bateria são dinâmicos e de diafragma largo, pois precisam captar uma fonte sonora de grande potência – por isso são dinâmicos – e os sons que precisam ser gravados são os graves – por isso, o diafragma precisa ser largo.

Para gravar a voz masculina, os microfones precisam ser condensadores, porque a fala humana precisa ser captada com o máximo de qualidade. Isso significa que os vários harmônicos que definem o timbre da voz de uma pessoa precisam ser captados, e o diafragma tem de ser largo, para que possa obter os graves da voz masculina. Uma voz feminina, por outro lado, poderia ser captada por um microfone condensador de diafragma curto – que também é utilizado para gravar pratos de bateria.

Existe uma arte na microfonação que, se for herdada de um produtor musical que se tornou designer de som, vai ser muito bem-vinda. Caso o indivíduo não tenha experiência alguma com microfones e com gravação, é interessante que atue como assistente em algumas gravações a fim de adquirir experiência. Sobre a microfonação, é muito importante aprender a respeito de cada fonte sonora: se os sons que escutamos de determinada fonte vêm de alguma parte específica do instrumento ou da fonte.

Tomemos como exemplo um piano de cauda. Os sons de um piano precisam de captações diferentes, somadas, para que o resultado os represente bem. É preciso gravar com dois microfones condensadores iguais, posicionados em cada uma das laterais do piano com a tampa aberta, a fim de captar com a mesma pressão sonora os graves e os agudos. Também é necessário usar um microfone mais distante, posicionado de maneira a captar o som que reflete da tampa aberta do piano. Se a gravação envolver piano solo, talvez seja necessário gravar os sons das teclas e dos pedais e incluir outros microfones para captar a acústica da sala ou utilizar captação ainda mais complexa com nove microfones:

Piano de cauda:

1 30 cm acima das cordas médias, 20 cm horizontalmente a partir dos martelos sem a tampa ou completamente aberta.

2 20 cm acima das cordas agudas, como acima.

3 Direcionando para os buracos da harpa.

4 15 cm acima das cordas médias, 15 cm dos martelos, tampa aberta.

5 Próximo ao lado de baixo da tampa aberta, no centro da tampa.

6 Embaixo do piano, direcionado para a tábua harmônica.

7 Microfone de superfície montado no lado de dentro da tampa, acima das cordas agudas inferiores, horizontalmente próximo dos martelos para sons mais brilhantes, afastado dos martelos para sons mais suaves.

8 Dois microfones de superfície posicionados na tampa fechada, abaixo da beirada no limite do teclado, aproximadamente 2/3 da distância do lá central para cada lado do teclado.

9 Microfone de superfície posicionado verticalmente no interior da estrutura, ou aro, do piano, na extremidade da lateral curvada do piano ou próximo dela. (Gimenes, 2004, p. 9, grifo do original)

Analisaremos um segundo exemplo agora, em um âmbito mais do som do que da música. Suponhamos que se deseje captar sons de uma máquina de lavar roupas para utilizá-los de diferentes formas em um jogo. Nesse caso, deve-se considerar: Os sons graves saem por onde? Por baixo, onde existe uma correia? Ou por cima? Ou pela lateral, se for retirada uma das tampas laterais? O som da máquina pode ser monofônico (mono) ou fica mais interessante se for captado em modo estereofônico (estéreo)? É necessário analisar caso a caso e fazer alguns experimentos.

Por questões didáticas, faremos uma sugestão hipotética: nós gravaríamos a máquina com dois microfones condensadores de diafragma curto, como se fôssemos fazer um *over head* de bateria. Ou seja, gravaríamos de cima para baixo, com a intenção de montar um plano estéreo para a fonte sonora. Além disso, acrescentaríamos um microfone condensador de diafragma largo para os graves, escolhendo fazer a captação de baixo da máquina, talvez até mesmo por dentro, para conseguir obter os sons graves com mais nitidez.

Para esse aspecto da produção, deve-se sempre pensar nas características da fonte sonora, analisando qual seria o melhor microfone para captar aquele tipo de som e o melhor lugar para posicioná-lo para gravar.

Com relação ao equipamento necessário para a gravação, além do espaço, do microfone e de um computador, é preciso ter uma interface de áudio – que é o meio pelo qual o profissional transforma o som em arquivos digitais – e monitoração, que tanto pode ser por monitor de referência quanto por fones de ouvido.

3.6 Interfaces de áudio

As interfaces de áudio são equipamentos que transformam um computador normal em uma base de gravação. Os microfones condensadores que precisam de alimentação +48 V (*Phantom Power*) funcionam corretamente.

Uma característica importante da interface de áudio é a compatibilidade com o DAW, isto é, *o software* usado para gravar, editar, mixar e masterizar o material. Não adianta ter uma superinterface que só funciona com um *software* específico, o qual não está disponível por inúmeras razões (valor, computador antigo demais e sistema operacional incompatível, entre outros).

Outra característica que deve ser observada antes da aquisição de um *hardware* é se ele tem pré-amplificadores de entrada. Os pré-amplificadores influenciam diretamente a qualidade do som, pois sem eles não é possível controlar o ganho de entrada do sinal. Em alguns casos, na falta dessa ferramenta, o ganho de entrada fica com pouca intensidade e, quando aumentado pelo *software* de edição, o sinal ruído fica com muita intensidade, ou seja, o som fica comprometido, com muito ruído e pouco sinal da fonte sonora. O ideal é que a interface tenha um bom pré-amplificador que torne viável a captação da fonte sonora, já perto do ganho que se utilizará posteriormente, na mixagem, para que seja alterado o volume, e não o ganho.

Outra característica que deve ser observada em uma interface de áudio é a compatibilidade das entradas para conexão com o computador.

Ao conectar uma interface de áudio a um computador...

Há **4 opções de cabos** comumente usadas:

1. **USB** - que é visto, tipicamente, nas interfaces mais baratas de home studios e oferece taxa de transferência de dados mais lenta.
2. **Firewire** - que é utilizado nas interfaces de home studios mais caras e oferece taxas de transferência de dados significativamente mais rápidas (**hoje em dia, estão ficando menos comuns**).
3. **Thunderbolt** - que, recentemente, tornou-se popular com interfaces semiprofissionais mais recentes e é uma opção muito mais rápida que os cabos USB ou Firewire.

4. **PCIE** - que tem sido, há muito tempo, o padrão das interfaces profissionais, porque oferece poder de processamento adicional e transferência de dados extremamente rápida.

Apesar de as entradas USB serem as mais lentas das 4 opções, ainda são mais rápidas que o suficiente para desempenharem sua função na vasta maioria dos home studios.

Então, se você estiver com o orçamento apertado, o USB é o cabo que eu recomendo.

Porém, independentemente do que você escolher, lembre-se de conferir se o seu computador possui as conexões apropriadas. (Guia..., 2021, grifo do original)

Pensando na execução prática de projetos, é importante frisar que o produtor tende a, mais cedo ou mais tarde, montar seu *home studio*. É interessante fazer um investimento mais seguro e, quando houver mais recursos financeiros disponíveis, fazer a aquisição de equipamentos melhores.

Disponibilizamos, a seguir, uma lista das interfaces mais confiáveis do mercado, escolhidas com base em alguns critérios muito importantes: compatibilidade com DAW, conectores de interface, número de entradas/saídas (*inputs/outputs*, ou i/o), canais para microfones pré-amplificadores e fator de forma.

Presonus AudioBox (*conexão USB*) [...]

(inclui o Presonus Studio One Artist DAW)
- **AudioBox USB** [...]
- **AudioBox 22VSL** [...]
- **Audiobox 44VSL** [...]

Focusrite Scarlett (*conexão USB*) [...]
- Scarlett Solo [...]
- Scarlett 2i4 [...]
- Scarlett 6i6 [...]
- Scarlett 18i8 [...]

Focusrite Clarett (Conexão *Thunderbolt*) [...]
- Clarett 2Pre [...]
- Clarett 4Pre [...]

Apogee (*conexão USB*) [...]
- Apogee One [...]
- Apogee Duet [...]
- Apogee Quartet [...]

Avid (*conexão USB*) [...]
(Vem no pacote com o Pro Tools 12 DAW)
- Pro Tools Duet [...]
- Pro Tools Quartet [...]

Universal Audio (*conexão Thunderbolt*) [...]
Apollo Twin SOLO [...]
Apollo Twin DUO [...]

(Guia..., 2021, grifos do original)

  Cada interface apresenta características que a tornam mais indicada a determinado cenário. Por vezes, uma delas tem melhor desempenho em um *home studio* pequeno, outras têm melhor *performance* em um estúdio um pouco maior em que se gravam diversas fontes sonoras simultâneas. Ficam aqui como recomendações de opções para o profissional se munir do mínimo de equipamento necessário para realizar um projeto do começo ao fim com uma entrega de qualidade.

3.7 Monitores de referência

Não é possível executar o trabalho da produção sonora sem ouvir aquilo que está sendo captado. Alguns técnicos de som já com experiência podem pressentir que existe algum problema quando a captação está com muito ou com pouco ganho, mas não podem aferir com os olhos aquilo que é característico dos ouvidos.

Os monitores de referência são caixas de som projetadas com sistemas de amplificação feitos para terem fidelidade sonora, evitando um grave que não existe ou impedindo que um som pareça distorcido quando na verdade está límpido.

Aparelhos de som domésticos não têm monitoramento para reproduzir todas as faixas de frequência sem distorções. A palavra *distorção*, aqui, pode parecer um pouco exagerada, mas, quando se tem contato com monitores de referência, escutando músicas muitas vezes, há uma grande diferença de qualidade, nitidez das frequências e *nuances*.

3.8 Fones de ouvido

Os fones de ouvido são necessários para obter *feedback* enquanto o som é gravado. É importante que tenham uma resposta de frequência muito boa, ou seja, que não enalteçam graves ou mascarem as frequências médias. Fones domésticos têm a mesmas características dos aparelhos de sons domésticos, ou seja, costumam reproduzir tudo com mais graves do que realmente a gravação tem, e isso pode atrapalhar um bocado.

Os fones precisam, ainda, ser confortáveis para que o usuário não fique cansado. Três horas com fones de ouvido na orelha, no caso de um modelo que seja desconfortável, pode ser algo insuportável. É necessário, também, que eles tenham um bom isolamento. Dessa maneira, o intérprete que vai ser gravado deve ouvir bem, e os sons não devem escapar para fora da cápsula. Caso isso não aconteça, os microfones, principalmente os condensadores, que são muito sensíveis, captarão esse som, e isso será um problema talvez impossível de retirar na edição.

No caso de gravações de músicas, é comum que o som do metrônomo vaze um pouco. Como na maioria das composições, a bateria e os outros instrumentos soam no mesmo tempo em que ocorrem as batidas do metrônomo, estas são mascaradas na mixagem. Porém, quando estão sendo gravados sons que vão acontecer isoladamente, como é o caso dos *foleys*, ou que precisem da maior qualidade, como é o caso das falas, não é desejado que exista vazamento na captação.

A maioria dos profissionais da área fonográfica não aconselha a utilização de fones de ouvido para mixagem, mas muitas vezes não há escolha. O ideal é ter uma sala confortável para colocar os monitores de referência e poder fazer seu melhor, sem outras preocupações.

3.9 Considerações sobre os equipamentos

Com a prática, muitos dos processos podem ser realizados em casa sem a necessidade de ir para o estúdio, desde que se tenha à disposição os *hardwares* e *softwares* necessários

Não é necessário montar um *home studio* para conseguir trabalhar, mas essas são considerações e indicações para que o profissional encontre seu *setup* pessoal para entrar no mercado.

Outra recomendação importante: pode parecer óbvio, mas nunca se deve servir comida dentro de um estúdio; somente o consumo de água é permitido.

3.10 Durante a gravação

O projeto já está todo bem definido e o profissional tem uma lista daquilo que precisa ser gravado. Já está definido o espaço em que vai ser o estúdio e os microfones, a interface de áudio, os monitores de referência e o computador para começar a gravar já estão instalados

A primeira ação importante é realizar uma lista de afazeres. O projeto, por mais empolgante que seja, precisa terminar e ser entregue. Por isso, deve-se atentar muito à gestão do tempo para que a gravação acabe logo e todo o material siga para a próxima fase da produção.

Nunca, jamais, em hipótese alguma, os profissionais envolvidos devem se render aos seguintes pensamentos: "A gente ajeita isso depois!" ou "Na edição, a gente melhora!".

Quando se está gravando, é preciso dirigir a gravação, ou seja: guiar alguém, seja um dublador, seja um intérprete, seja um *foley artist*. Todos eles necessitam saber a direção da produção. Por exemplo, em determinado projeto o supervisor de produção pode vir a se questionar: As falas estão sem expressão? Quais seriam as intenções corretas? Qual o sentimento que o dublador precisa expressar?

Os passos também estão sem expressão? Os passos precisam parecer mais nervosos? Os passos precisam parecer como de alguém que está correndo para salvar a própria vida? Os sons da louça na mesa precisam parecer fora de controle, ser exagerados, para que o jogador tenha a impressão de desconforto nessa cena do jogo?.

> Outra característica digna de nota é que para ser um bom diretor de dublagem é preciso ter uma vasta experiência como dublador e boas noções de direção de interpretação. Com a experiência acumulada ao longo da carreira dublando de tudo um pouco e observando o trabalho dos colegas, além de entender a mecânica da dublagem como um todo, esses profissionais ficam aptos a escolher de forma mais criteriosa os dubladores que estarão nas produções que dirigirem. Ah, e, obviamente, também saberão extrair o melhor de cada dublador e coordená-los da melhor forma. (Noriega, 2019)

Para uma boa direção, é preciso experiência, e isso só se ganha dentro de um estúdio. Entretanto, existem abordagens que normalmente têm um resultado mais proveitoso, como deixar que o intérprete vá do começo ao fim de uma linha, seja de música, seja de fala, seja uma cena; dar as novas instruções antes de ele fazer o próximo *take*.

Deve-se evitar interromper alguém no meio de uma linha, pois essa pessoa pode se sentir pressionada e não conseguir responder bem à direção nos *takes* seguintes. E não é uma regra, mas acontece bastante: os melhores *takes* são os primeiros. Assim, deve-se tentar ser o mais claro possível sobre aquilo que se espera que o intérprete faça, falhando-lhe calmamente, explicando-lhe e olhando-o nos olhos para conectar-se a ele.

3.11 *Sound* design

É possível que o profissional deseje adquirir uma biblioteca de sons pré-gravados e catalogados. O mercado de desenho de som dispõe de muitas opções e todas as bibliotecas são ótimas para se treinar o *sound* design. Entretanto, para executar o trabalho de maneira qualificada, esse é um risco imenso, pois os profissionais do mercado reconhecem facilmente os conteúdos das bibliotecas mais populares e, quando não identificam exatamente a fonte, constatam que o áudio provém de uma biblioteca de sons. O que acontece, na realidade, é que, nas produções profissionais, os responsáveis pelo desenho de som produzem os áudios a serem usados.

Por isso, deve-se ter em mente que o som do projeto necessita ter um conceito. É preciso trabalhar alinhado a uma linguagem dos sons e a maior tarefa é criar um ecossistema sonoro.

Os sons são responsáveis pela ilustração emocional do jogo. É por meio deles que o jogador imerge no *game*. Dessa forma, é preciso que esses áudios sejam trabalhados de forma inteligente, sem se apegar muito à ideia de gravar os sons ou contratar uma orquestra para gravar todos eles para, depois serem editados, fazendo do jogo uma obra de arte. O som precisa, sim, ser uma obra de arte, mas vale lembrar que as artes têm uma característica muito importante: elas são simples.

Portanto, deve-se ir direto ao ponto e criar, ao menos no papel, todos os sons necessários em todas as partes do jogo; gravar o que precisa ser gravado; sintetizar o que precisa ser sintetizado; desenvolver as mecânicas que precisam acontecer com os sons dependendo da interação do jogador; e conversar com o programador que receberá os sons criados.

Outra recomendação é buscar entender como o programador desenvolverá a dinâmica do jogo para pensar em como os sons podem ser processados, a fim de que o trabalho final seja orgânico, para que, na perspectiva do jogador, não haja separação entre o que é a dinâmica do jogo e o que é a dinâmica dos sons.

Os problemas que surgirão depois da primeira montagem do projeto devem ser resolvidos. Depois de fazer tudo aquilo que precisa ser feito, o profissional terá subsídios para entender o que ainda carece de mais atenção. Com certeza, muito daquilo que foi anotado no papel não foi realizado tal qual planejado. A grande pergunta é: O que era melhor no papel? Será que é possível fazer com que aquilo que foi desenvolvido se torne mais parecido com o projeto escrito?.

Se foi planejado algo melhor do que aquilo que se conseguiu desenvolver, talvez seja a hora de pedir ajuda. Um produtor musical não faz o papel de engenheiro de som; então, nem sempre ele edita o disco, raramente faz a mixagem e quase nunca a masterização. Existem degraus na produção musical com diferentes processos e diferentes profissionais para que o resultado tenha um nível de excelência cada vez maior.

3.11.1 *Foleys e foleys artists*

O termo *foley* é uma homenagem ao precursor da arte de criar sons para o cinema, Jack Donovan Foley (1891-1967), que, antes de se aventurar no mundo do cinema com som, era responsável por locações de galpões para filmagens de longas de faroeste.

Quando a empresa Warner Bros. lançou o primeiro filme com som da história, a dinâmica da indústria se viu impelida a mudar. Em carta para a Universal Studio Club News, o próprio Foley (citado por Rabelo, 2016) afirmou:

> As crianças da Warner [...] acabam de aparecer com um filme sonorizado, 'O Cantor de Jazz' enquanto os [...] garotos da Universal finalizam as últimas cenas do grande musical americano "Show Boat", um filme MUDO. Os semblantes aqui ficaram tão vermelhos que alguém gritou 'os índios estão chegando!', ao passo que outro perguntou: "será que ainda estamos no mercado?".

Nada é mais motivador do que a necessidade e, nesse caso, era necessário que o filme *Show Boat* tivesse som. E rápido.

> Há quem afirme ainda que os sons resultantes de uma sessão comandada por Jack Donovan Foley eram tão bons quanto aqueles que jovens editores conseguem hoje com a ajuda de inúmeras faixas. Joe Sikorsky, que trabalhou com ele, diz que *"Jack enfatizava que era preciso atuar durante a cena... que você precisa ser os atores e entrar no espírito da história da mesma forma que os atores entraram, no set. Segundo ele, isso faz toda a diferença."* (Rabelo, 2016, grifo do original)

É incrível que o precursor da arte dos sons e dos efeitos tenha sido um virtuoso tão perspicaz. É a atuação e a criatividade na escolha dos objetos que são a fonte do som. É preciso, portanto, que o *foley artist* – aquele que manipula os objetos – interprete a cena, encontre a emoção para dar bengaladas e o faça de modo correto.

> Segundo o próprio Jack, ele chegou a andar cerca de 8047 quilômetros dentro de estúdios enquanto capturava seus famosos passos. De quebra, começou a, com o tempo, caracterizar estrelas do cinema a partir do tipo de passo que

tinham ("*Rock Hudson tem um sólido; Marlon Brando tem um suave*"). (Rabelo, 2016, grifo do original)

Apesar de as técnicas precursoras dessa arte estarem ainda em prática, outras, bem distintas, podem ser utilizadas para alcançar resultados semelhantes. Editando sons pré-gravados ou de bibliotecas de som, é possível criar um ambiente de efeitos sonoros e obter um resultado bastante satisfatório

É primordial acompanhar o conceito do jogo. Talvez o necessário para aplicar essa ideia ao desenho de som seja o uso de poucos sons, extraordinariamente simples, mas que comuniquem esse conceito. Por exemplo, um jogo com nave espacial, no qual os *foleys* são o tiro de *laser*, a explosão de cada inimigo e a aparição do chefão de cada fase (elemento musical) – e tudo isso faça parte de um conceito 8 bits. Não será necessário entrar em estúdio para fazer essa tarefa, mas os sons precisam ser expressivos e funcionar tão bem quanto necessário.

Talvez, nesse caso, com um VSTi e um controlador MIDI já fosse possível criar os sons necessários. O próprio produtor vai ser o *foley artist*, quando tocar as linhas no controlador MIDI. Portanto, nunca se deve menosprezar a possibilidade de dar mais sentido ou colocar mais expressão em um som.

3.11.2 Falas

Mesmo que a produção não tenha o orçamento ou a pretensão de ser grande, contratando os melhores profissionais do mercado, caso haja falas de personagens, será imprescindível realizar uma sessão para gravá-las e, com isso, é necessário também haver uma direção de gravação.

Figura 3.2 _ **Gravando falas**

SpeedKingz/Shutterstock

A direção de dublagem – à qual cabe escolher os atores ou os dubladores que participarão da produção – orienta os profissionais a respeito das expressões, define as dinâmicas que devem ser dubladas e adapta o texto quando necessário. Noriega (2019) explica que estão entre as funções de um diretor de dublagem:

> Escalar o elenco de dubladores que participará da dublagem das mais diversas produções, coordená-los e dirigi-los em estúdio, cuidando desde a parte da interpretação até a do sincronismo labial. Vale lembrar que o sincronismo, aspecto fundamental de qualquer dublagem, se caracteriza por fazer as falas dubladas se moldarem aos lábios dos personagens do idioma estrangeiro, desde o momento em que o personagem abre a boca até o momento em que a fecha.

Evidentemente, quando se trata de um projeto original, não é necessário pensar em sincronização labial, mesmo porque talvez os lábios possam ser manipulados para imitar os sons que forem gravados. O ponto mais importante é saber que, se o jogo tiver falas, será necessário o esforço de seguir todos os seguintes processos:

- Escrever os textos.
- Escolher atores para a leitura dos textos.
- Marcar uma sessão de gravação.
- Dirigir a sessão de gravação, a fim de tornar as falas expressivas conforme a necessidade das cenas; editar as falas para inseri-las no jogo.

Executando-se todas essas etapas, fica muito mais fácil chegar a um resultado positivo. Pode ser que o desenvolvedor do jogo já entregue os textos das falas, mas talvez ele deixe isso mais livre. Pode ser que o produtor sinta a necessidade de reescrever os diálogos para tornar o material ainda mais interessante. Assim, não importa quem seja, mas alguém deve ser o responsável pelas falas, para que essa etapa do processo de criação dos sons não fique empacada, seja por falta, seja por excesso de criatividade (de muitas fontes diferentes).

Para todas as partes, etapas e funções do projeto, é importante que os responsáveis tenham claras suas atribuições. Além disso, é essencial que todos da equipe conheçam quem são os responsáveis pelas tarefas, pelos processos e pelas atividades.

A edição do texto das falas pode dar muito trabalho, não para que elas sejam concebidas, mas para que sejam adaptadas, e isso acontece muito nesse processo. O ator pode achar que uma das falas não está funcionando direito, ou alguns diálogos podem ser longos demais para serem decorados e executados. No caso de uma sessão de gravação não fluir por esse tipo de problema, é mandatória a adaptação do texto. Quando o responsável por essa ação for o próprio diretor de dublagem, na gravação será fácil de resolver, principalmente se esse sujeito for criativo e conseguir realizar uma adaptação do texto rapidamente diante do editor de áudio e do ator.

Uma estratégia para otimizar a sessão de gravação das falas é separá-las em pequenos trechos, para que se tenha, inclusive, uma estimativa do tempo de estúdio. Isso ajuda a prever o custo da gravação, visto que os dubladores recebem por hora trabalhada (Noriega, 2019).

Muitos jogos dependem das falas para que a história se desenrole, e isso pode ser fundamental para que o resultado seja um sucesso. No caso de a produção ser independente e não ter orçamento, deve-se avaliar a possibilidade de executar todas as etapas e todos os processos, mesmo que sem o conforto do estúdio profissional. Ter pelo menos um microfone com qualidade profissional já confere uma base sólida às falas.

A parte dos diálogos pode ajudar a explicar o jogo aos jogadores e a história pode ficar mais clara. Portanto, é recomendado que o produtor exercite as funções de gravação, direção, edição e mixagem de falas. Para isso, ele pode realizar essas etapas mais de uma vez nos primeiros projetos de que participar, com finalidade pedagógica.

Kiostock/Shutterstock

CAPÍTULO 9

PRODUÇÃO SONORA: PARTE II

A didática em música e em processos de produção sonora sempre se apoia em três pilares: (1) a teoria, (2) a prática e (3) o momento sem nome em que o aluno simplesmente faz de seu modo aquilo que acredita ser seu melhor. Isso, na maioria das vezes, é bem diferente do que foi estudado ou feito na prática orientada. Sugerimos que você, leitor, se aventure produzindo sons e sempre volte a consultar este material, para que possa compreender de forma mais proveitosa os comentários e as descrições dos processos de criação.

Trataremos agora da última parte de criação de sons de fundo ou *backgrounds* e entraremos nos tópicos de edição e de mixagem. A edição é fundamental para que se obtenha qualquer tipo de material, ao passo que a mixagem é crucial para que alcance um resultado de qualidade. Abordaremos, ainda, a masterização e suas características para então indicar a maneira correta de entregar o material sonoro.

4.1 Sons de fundo (*backgrounds*) e a história dos *games*

Sons de fundo não passam a mesma expressividade que o termo em inglês *backgrounds* (BG). Sons de fundo poderiam ser interpretados como ruídos, e o sentido de *background* revela que outros elementos podem estar inseridos como recursos que contextualizam uma obra fonográfica.

Figura 4.1 _ **Digital soundscape**

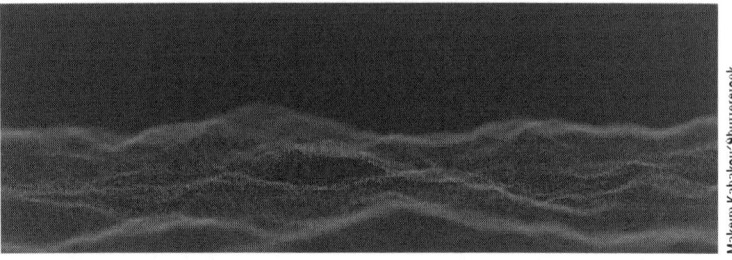

Maksim Kahakou/Shutterstock

Na década de 1980, quando o Super Nintendo e o Mega Drive eram os consoles mais populares, os jogos eram uma grande sensação. A maioria das crianças dessa época sonhavam em ter um desses consoles ou, para os mais ousados (ou abastados), ambos. Os jogos não tinham o conceito que já era utilizado no cinema no mesmo período, porém o *background* muitas vezes era suprido ou tinha sua função executada pela trilha sonora. Nesse sentido, é como se os jogos de 1980 fossem semelhantes aos filmes mudos do começo do cinema, nos quais a música precisava suprir toda a necessidade de expressividade do som. É claro que já existiam os efeitos sonoros, mas eles não conseguiam ser tão expressivos quanto os *foleys* do cinema.

É muito relevante conhecer o cenário tecnológico e o contexto histórico para compreender como a produção ou o design de sons para jogos evoluiu.

No começo dos anos 80, a Yamaha desenvolveu um chip que, anos mais tarde — depois de entrar em vários projetos de computadores e arcades — faria também parte do Mega Drive: o **YM2612**. Era uma versão capadíssima do YM2608 de

> 16 canais, usado em computadores. Junto com o SN76489 (um chip de 4 canais mono), o kit foi a chave do que a Sega queria em seu 16-bit: fazer o jogador lembrar do ambiente sonoro de um "fliperama".
>
> Pouco depois, no fim da década, a Nintendo ainda se relacionava com a Sony e Ken Kutaragi (futuro "pai do PlayStation") aceitou desenvolver o hardware de áudio do **Super Famicom**. E assim foi feito, sob medida para a nova geração da Big N, com muito mais recursos que o concorrente, usando dois chips, um SPC700 8-bit e um DSP 16-bit. A qualidade de vozes era muito superior e as músicas tinham como base amostras reais, buscando maior fidelidade aos instrumentos de verdade em vez daquele típico som 'eletrônico' do Mega. (Lemes, 2014, grifo do original)

Essa breve explicação do funcionamento do *hardware* responsável por reproduzir os sons na década de 1980 mostra a razão de não termos a mesma profundidade artística do cinema nos jogos: ela era inviável. Somente com a evolução dos consoles e das plataformas dos jogos para uma resolução de áudio superior, pudemos chegar ao refinamento da construção do desenho de som atual.

Na década de 1990, o mundo dos jogos eletrônicos entrou na era dos consoles 16 bits. Isso significou uma mudança radical na tecnologia dos *hardwares* e o som dos consoles de 8 bits para 16 bits mudou drasticamente.

> O Playstation, conhecido como PSX ou PSOne, chegou às lojas japonesas em dezembro de 1994, ainda concorrendo com os consoles da geração anterior. Foi apenas um ano depois, em setembro de 1995, que o produto finalmente chegou ao Ocidente. [...] Com seu principal concorrente, o N64, chegando às lojas apenas em 1996, o Playstation teve um bom tempo para conquistar os jogadores [...]. (Dias, 2013)

Sabendo disso, fica mais fácil entender de onde vem o cenário tecnológico do mercado dos jogos. Paralelamente, lidaremos agora com uma herança de uma arte que nos serve como arcabouço intelectual: o cinema.

Quando não era possível nem imaginar ter qualidade de um filme nos jogos, é óbvio que os sons do jogo não eram pensados da mesma forma. Porém, isso começou a ser realidade e os profissionais dos *games* passaram a atualizar ou lidar com a herança do desenho de som pensado para o cinema.

> O **background** ou simplesmente **BG** são os sons que fazem a ambiência da cena.
>
> O BG caracteriza o local onde se passa a cena e cria uma base contínua de som para que os outros efeitos possam tocar pontualmente.
>
> O BG cria uma dinâmica constante no filme situando o espectador em relação ao período de tempo e local em que se passam as cenas. [...]
>
> Além da base contínua do BG, utilizamos alguns sons pontuais para caracterizar ainda mais um determinado ambiente, é o que chamamos de BGFX.
>
> Utilizando os dois exemplos de cenas citados anteriormente, poderíamos criar sons de BGFX para ajudar ainda mais na composição sonora das cenas descritas.
>
> Na cidade por exemplo, poderíamos utilizar sons de buzinas pontuais, sirenes e freadas de carro para tornar mais real a sensação de estar no meio de uma rua movimentada. (Rodrigues; Moraes, 2013, p. 108-109, grifo nosso)

O grande diferencial, quando pensamos no desenho de som dos jogos em vez do cinema, é que os sons devem ser programáveis, ou seja, devem ocorrer dependendo de alguma variável, seja um espaço de tempo, seja uma condição. Por exemplo, digamos que uma das fases se passa em uma fazenda e o jogo seja de mundo aberto, isto é, pode-se andar com o personagem e fazer o que bem entender.

Supondo que, para o *background* FX (BGFX) do jogo, está programado um galo cantar a cada 50 segundos, caso ainda esteja vivo, então um arquivo ou algum dentre uma seleção de arquivos vai ser executada, variando o volume conforme o personagem esteja mais ou menos próximo do galo. Caso a ave seja morta, o som não vai mais acontecer. Esse é só um exemplo, mas podemos pensar em uma vasta caracterização dos cenários, tanto para jogos de mapa aberto quanto para qualquer conceito de jogo. O BG e o BGFXs podem acrescentar uma camada a mais de imersão e de apreensão da atenção dos jogadores.

> Chamamos de **Walla** ou *Vozerio* os sons referentes às vozes de fundo que compõem cenas onde temos a presença de várias pessoas geralmente feitas por figurantes, como por exemplo uma cena em um restaurante, bar ou local onde os atores estão acompanhados de mais pessoas.
>
> A *Walla* é praticamente uma ambientação feita através de vozes. Estes sons são de extrema importância na narrativa do filme, pois além de tornar os ambientes em questão mais "reais" para o filme, servem de base para o diálogo principal e situam o espectador no local da cena contribuindo de forma direta para o envolvimento deste na narrativa apresentada. (Rodrigues; Moraes, 2013, p. 109-110, grifo nosso)

É interessante observar que, para as sessões de gravação de *walla*, são demandadas vozes bem distintas. A voz humana é uma das fontes sonoras que nossa audição reconhece com mais apuro; logo, quando se processa uma voz no computador, é muito fácil sentir que algo não está natural. Se o som tiver de ser mais realista, deve-se contar com vozes dos seguintes tipos: grossa (baixo), aguda (tenor), mais grave (contralto) e mais aguda (soprano). Isso é o suficiente para compor um *walla* aceitável.

> Os **hard-effects** são todos os efeitos sonoros vindos de fontes vistas pelo espectador, mas que não estão diretamente ligadas com a movimentação dos personagens, portanto não se encaixam em *foley*. Alguns exemplos mais comuns de *hard-effects* vistos em filmes são os carros, aviões, motos ou qualquer outro veículo utilizado na cena, máquinas, armas, tiros, explosões ou qualquer outro elemento visível ao espectador que não possa ser feito em *foley*. (Rodrigues; Moraes, 2013, p. 110, grifo nosso)

Os *hard-effects* não necessariamente precisam ser gravados, o que é um alívio, pois gravar todo dia armas de fogo, carros acelerando e explosões, por exemplo, seria exaustivo e até mesmo um risco à saúde. É importante fazer uma pesquisa e adquirir bibliotecas de som que tenham uma qualidade boa e uma ampla gama de sons para que se possa, ao menos, montar rapidamente o conteúdo de sons que constará no jogo; aquilo que não servir quando for feita a revisão será mais fácil de substituir, pois haverá um parâmetro – por exemplo, precisar de algo para sonorizar a ação x ou evento y e que não seja como o som que foi escolhido – e será mais fácil de resolver do que ter de criar um som sem referência nenhuma.

> Os **sound-effects** são sons que baseiam se [sic] em um conceito diferenciado dos demais efeitos sonoros pois não estão relacionados a nenhum elemento visível no filme, são sons que complementam os *hard-effects* tendo como objetivo básico reforçar a dramaticidade da cena e causar um impacto emocional ainda mais forte no espectador. [...]

Os *sound-effects* são criados a partir do aspecto narrativo da cena, ou seja, o "clima" das cenas é a base para a criação de sons que justifiquem a sensação de medo, terror, tristeza, susto, alegria ou qualquer que seja a atmosfera presente na cena em questão além de dar intensidade a movimentos presentes na cena. Além disso, o editor de *sound-effects* deve estar atento aos elementos visuais presentes na cena, como a iluminação, locação e principalmente a intenção que o roteiro juntamente com a direção, pretendem transmitir naquela cena. (Rodrigues; Moraes, 2013, p. 110, grifo nosso)

Podemos chamar os *sound-effects* de *elementos musicais*, pois ambos se referem ao mesmo tipo de som.

A criação de *backgrounds* nos jogos eletrônicos eleva o nível do desenho de som. Eles servem para jogos que precisam soar mais realistas, para cenas "cinematográficas". Ter de chegar a esse nível de sofisticação pode ser desafiador, mas é também de dar orgulho, pois leva o jogo a outro patamar.

4.2 Edição de áudio

A edição é a ferramenta mais poderosa de toda a indústria ou do mercado fonográfico. Sem a edição, não seria possível fazer os álbuns ou os filmes que temos hoje. A edição é o que permite as ideias serem concretizadas. A realidade captada pelas câmeras, pelos gravadores, pelas lentes, por qualquer entrada, seja ela de vídeo, seja de áudio, em seu estado cru, não é capaz de fazer a magia do cinema ocorrer. Até mesmo os álbuns de música precisam da atenção do ouvinte, com a exclusão de todos os erros e a arte de enfatizar os sons e manipular material sonoro para que se torne ainda mais musical. A edição tem esse poder.

No artigo *A música concreta revisitada*, Carlos Palombini (1999) mostra o cenário de múltiplas evoluções tecnológicas em que se encontrava Pierre Henry (1927-2017), um grande autor e compositor de música concreta, que se baseia na edição dos sons.

A produção musical de Pierre Henry é muito inspiradora. Escutar todos os sons que ele conseguia produzir e imaginar que a manipulação desses sons era feita de maneira analógica é de tirar o fôlego. Os editores modernos podem até não conseguir entender como é possível obter tais resultados sem utilizar uma lista enorme de recursos digitais.

> Em janeiro de 1948, Schaeffer (1950) começou a pesquisa de ruídos, que resultou nos cinco Études *de bruits* (Bayle org. 1990), que deram início à música concreta. [...] Os estudos foram irradiados em um *concert de bruits* a 5 de outubro de 1948. Sua gênese e manufatura foi narrada em "Introduction à la musique concrète" (Schaeffer, 1950). Trabalhando num estúdio de rádio um pouco modificado, Schaeffer empregou um prato para gravação de acetatos, quatro pratos para reprodução, um misturador de quatro canais, filtros, uma câmara de eco e uma unidade móvel de gravação. As técnicas empregadas envolviam variações das velocidades de gravação e reprodução, amostragem e edição de sons por manipulação do braço, fechamento em anel do sulco gravado, movimentação do disco em sentido reverso, modulações de intensidade, *fade-ins* e *fade-outs*. Os corpos sonoros amostrados incluíam, em pé de igualdade: seis locomotivas com vozes pessoais, parachoques e maquinistas regidos por Schaeffer na estação de Batignolles (a seguir combinados com sons pré-gravados de vagões em movimento); uma orquestra amadora respondendo à chamada afinativa de um lá

de clarinete, ornamentado assim de fiorituras, na Sala Érard (a seguir combinada com improvisações pianísticas de Jean-Jacques Grunenwald, ao vivo, no estúdio); Boulez ao piano, em harmonizações clássicas, românticas, impressionistas e atonais de um tema dado (a seguir cortadas, retrogradadas e montadas). Encerrando a série, uma mixagem *ad libitum* de *objets trouvés* reunia a música de Bali, uma gaita americana e uma embarcação fluvial francesa em torno da voz de Sacha Guitry – que a tosse da radialista interrompera – num 'exercício de virtuosidade nos quatro potenciômetros e nas seis chaves de ignição' (Schaeffer 1950) por um DJ techno meio século à frente de seu tempo. (Palombini, 1999)

Não que todos os editores ou produtores precisem editar dessa maneira, mas atentemos ao fato de que um desbravador, um idealista do passado, elevou a arte de editar a uma arte musical de uma qualidade intelectual incrível e talvez somente almejada pelos compositores mais selvagens e corajosos e de criatividade exuberante. O editor precisa saber pelo menos que isso existe. Editar é uma arte, e talvez a mais importante quando nos referimos à produção sonora, para cinema, música ou jogos.

A edição digital aumentou muito as possibilidades. Anteriormente, as mídias utilizadas para a gravação eram muito caras, o que tornava inacessível o processo para aqueles que não eram profissionais. Então, a evolução da tecnologia viabilizou a realização de produções independentes, em razão de poder gravar em discos rígidos e editar em um computador doméstico, em vez de ter de usar vários rolos de gravador e editar cortando as fitas. Se um corte fosse feito errado, talvez fosse necessário regravar. Não existiam comandos simples, como o *Control* + *Z* ou *Command* + *Z* – que, na maioria dos *softwares* modernos, desfazem a última ação sem que nada seja perdido –, e passar uma fita adesiva para juntar novamente a fita do rolo de gravação nem sempre dava certo. A edição de áudio digital foi o que permitiu aos produtores independentes realizar ou concretizar suas ideias.

no NAMM Show de 1990, que a Opcode e a Digidesign anunciaram o resultado de uma colaboração que se tinha iniciado na primavera anterior. Com muito brado nós demonstramos a primeira aplicação de software que combinava gravação e edição de MIDI e áudio digital no mesmo ambiente. ("It was..., 2011, tradução nossa)

Com a criação do Digital Audio Workstation (DAW), a edição de áudio digital deu seu pontapé inicial (ver Figura 2.3).

Com a edição como uma arte em andamento, tendo os recursos tecnológicos já avançados e a inspiração de precursores extremamente criativos, ficou muito fácil para aqueles que começam a aprender essa arte desenvolver um bom trabalho.

4.2.1 Ligação entre a gravação e a mixagem

Na ordem dos processos da produção sonora, a edição sucede a gravação e precede a mixagem. Muito embora ela tenha de ser realizada durante o processo de gravação, em muitos casos, como na gravação das dublagens, além de uma edição simples durante a gravação, é necessária uma edição minuciosa posterior.

A edição precisa preparar o material fonográfico para ser mixado. Essa é a ordem tradicional do processo, que foi herdado da produção musical e que foi passada como procedimento também para a produção sonora fílmica.

Em suma, a ordem é: gravação, edição e mixagem.

4.2.2 Habilidades requeridas de um editor

É essencial que o editor tenha boa noção de ritmo. Aulas de música são muito importantes para que desenvolva a sensibilidade rítmica e, também, para que perceba *nuances* do material que vai ser editado. Não se pode simplesmente editar com os olhos, é necessário ter um ouvido atento.

Além de habilidades musicais, é interessante que o responsável pela edição conheça bem o DAW em que pretende trabalhar, principalmente as teclas de atalho e os principais processos.

4.2.3 Processos de edição

Não importa qual será o *software* utilizado para a edição, alguns processos precisam ser realizados e estarão contemplados pelos DAWs disponíveis no mercado.

É comum um produtor ou um editor ter de trabalhar em um novo estúdio ou em algum outro ambiente e precisar se adaptar ao DAW que já está instalado no computador do local. Por isso, não há muito o que fazer a não ser se adaptar. Parar o processo de produção para instalar o DAW que o editor está acostumado a usar com certeza vai lhe causar dor de cabeça, e os responsáveis pela produção e pelo estúdio não vão olhar para ele com bons olhos.

Realizar tudo no próprio computador pode não ser uma opção, então, cabe ao editor adaptar-se logo ao novo DAW, procurando na aba *Help* do *software* pelos processos aos quais ele já está acostumado. Se for necessário, ele deve procurar uma opção de editar teclas de atalho. Em alguns programas, essa ferramenta tem até *presets* imitando o funcionamento das teclas de atalho de outros DAWs.

4.2.3.1 Cortar

O editor sempre vai precisar cortar um *sample* de áudio. Em alguns DAWs, é necessário posicionar o cursor e dar um comando; em outras, pode-se segurar uma tecla e clicar no ponto em que se quer fazer o corte.

Figura 4.2 _ *Sample* **original**

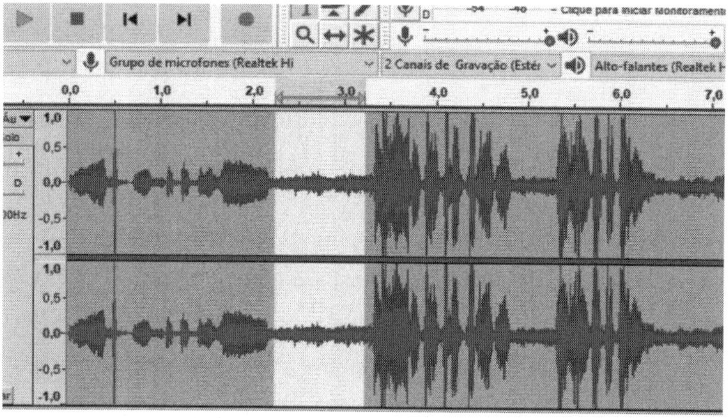

Fonte: Elaborado com base em Audacity Team, 2021.

Figura 4.3 _ **Sample cortado**

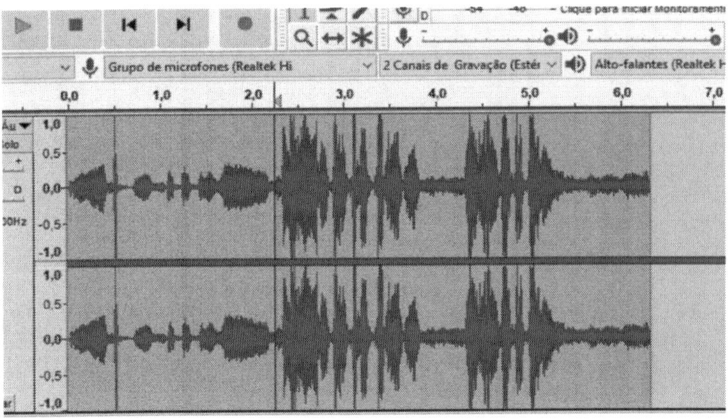

Fonte: Elaborado com base em Audacity Team, 2021.

Imagine que cada som que está em um mesmo *sample* deve ser separado, a fim de ser utilizado como um efeito sonoro do jogo que está sendo produzido – além de cortar, será necessário isolar os *samples*.

O editor deve certificar-se de encontrar a maneira de utilizar os comandos *Zoom In* e *Zoom Out* no DAW. O controle de *zoom* é fundamental na edição. Em alguns *softwares*, é possível utilizar o *zoom* no *scroll* do *mouse*; já em outros, é preciso utilizar algum comando ou até mesmo controlar o *zoom*, clicando em alguma parte do *layout* do *software* desenhado para este recurso.

Figura 4.4 _ **Zoom**

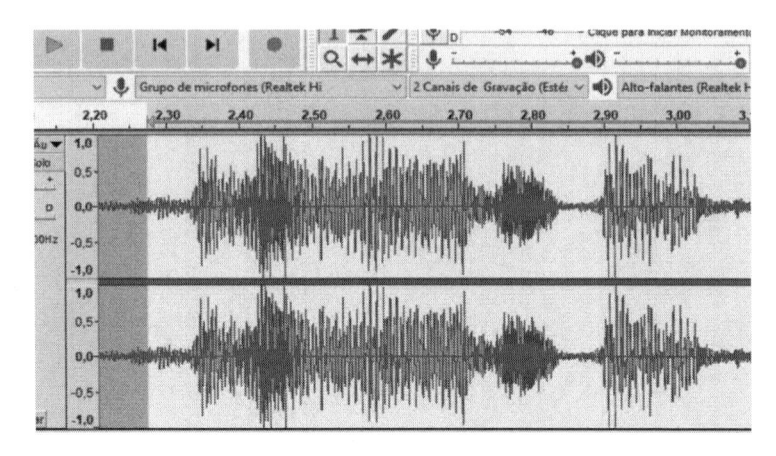

Fonte: Elaborado com base em Audacity Team, 2021.

No DAW utilizado nesse exemplo, é possível utilizar o recurso do *zoom* no *scroll* do *mouse*; há também uma parte no *layout* (veja canto superior direito da imagem) para controle do recurso *zoom*.

4.2.3.2 Fade in e Fade out

Além de retirar as partes de silêncio – que na verdade são constituídas de ruído – isolando os *samples*, é interessante colocar *fades*, ou seja, o nível do volume de zero até o volume normal (*Fade in*) e, no final da amostra, o volume normal até zero (*Fade out*). O *software* de edição normalmente conta com um recurso gráfico para que o editor controle o efeito tendo uma noção visual do que está sendo processado. Os *fades* também podem ter curvas diversas: lineares, exponenciais, logarítmicas ou em S.

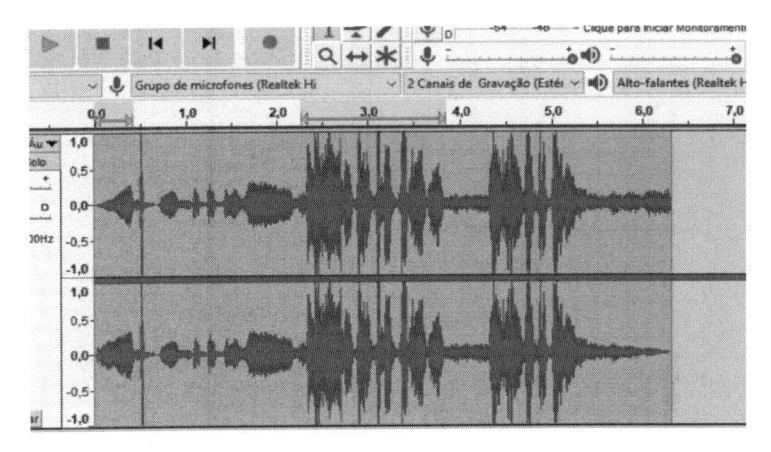

Figura 4.5 _ **Fade in e fade out**

Fonte: Elaborado com base em Audacity Team, 2021.

4.2.3.3 Cross fade

Quando duas amostras precisam ser editadas de forma que o começo de uma e o final da outra componham uma amostra isolada, é necessário utilizar o recurso *Cross fade*. Pode haver necessidade, também, de que duas amostras sejam coladas sem que exista som que acuse a edição.

Figura 4.6 _ **Cross fade**

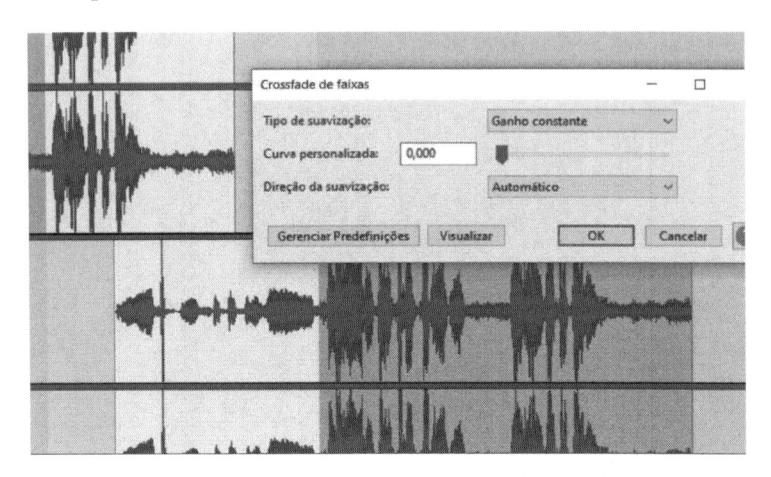

Fonte: Elaborado com base em Audacity Team, 2021.

Em alguns DAWs, é possível ligar o recurso do *Cross fade* automático; assim, toda vez que dois *samples* se interpolam, automaticamente é gerado um *cross fade*. Isso acelera bastante o processo de edição.

4.2.3.4 Normalizar

Normalizar é um processo que eleva o nível máximo de um sinal digital para uma quantidade especificada – normalmente para o nível mais alto possível, sem introduzir distorção.

Figura 4.7 _ **Normalizar**

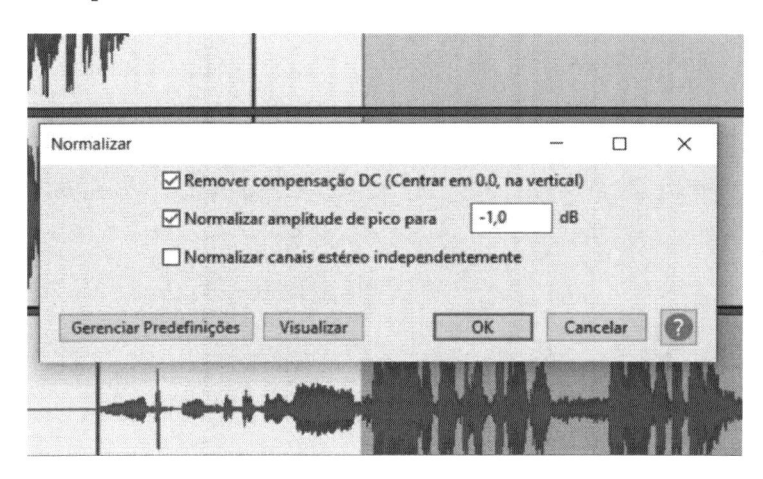

Fonte: Elaborado com base em Audacity Team, 2021.

Para que se possa entender melhor o processo, é feita uma análise da amostra e o ponto mais alto (com maior amplitude) é aumentado para o ponto escolhido – pode-se normalizar todos os *samples* para −0,3 decibéis (dB).

Com esse processo, altera-se o ganho de áudio da amostra. Processar o ganho é ideal na captação; porém, a edição serve para enfatizar o material que é captado quase sem processamento. Mudando o ganho dos *samples*, o projeto passa a dispor de uma biblioteca de sons mais homogênea, evitando-se que alguns sons sejam muito baixos, e outros, muito altos.

4.2.3.5 Ajustar os ganhos

Ajustar os ganhos dos *samples* é essencial, sendo normalizar apenas um dos processos disponíveis. É também possível mudar os ganhos das amostras sem ter de normalizá-las. Ajustar os ganhos é uma ótima preparação para a mixagem, pois deixa os *faders* – aqueles botõezinhos quadrados do *mixer* – reservados para sua função correta, as automações – e não para correção de volume.

> Às vezes, o ganho é apenas outra palavra para o volume. Ou seja, a saída em decibel (dB) de um sistema.
>
> Você vê isso normalmente em plugins digitais. Por exemplo, a função "make-up gain" (ganho de maquiagem) em um compressor é realmente apenas o volume de saída com um nome diferente.
>
> No entanto, a definição mais popular para ganho é a entrada de decibéis (dB) de um sistema.
>
> Assim, o ganho controla o quão alto algo é antes de passar por qualquer processamento. É o nível de volume enviado para seus plug-ins, mesas, pré-amplificadores e amplificadores. (Equipe Áudio para Igrejas, 2019)

Nesse ponto, é importante deixar o mais claro possível a diferença entre *ganho* e *volume*. **Ganho** é o valor de entrada da amplitude do som, e **volume** é o valor de saída da amplitude do som.

Quando uma fonte sonora é captada com o valor de entrada (ganho) muito alto, o som fica distorcido, e o máximo que um áudio digital pode ter de ganho é zero (0) dB. Portanto, um áudio que foi captado com saturação na entrada, mesmo que seja normalizado ou tenha seu ganho ajustado para –3 dB, por exemplo, ainda vai soar saturado. Podemos notar graficamente que a onda sonora fica achatada, e seus picos tendem a ser retos em vez de arredondados, como é o caso de uma fonte sonora captada da maneira correta.

É importante deixar uma margem de ganho de aproximadamente –10 dB quando os sons são captados. Isso dispensa regravar fontes sonoras. Por isso é importantíssimo escutar o material que está sendo gravado. Então, como já salientamos, nunca se deve aceitar tudo ou dizer: "Isso a gente arruma na edição.". Essa frase deve soar uma sirene vermelha na mente do editor, pois é um perigo para a produção. Assim, o editor deve se certificar de gravar com o nível de ganho bom, mas com margem para que o áudio não sature.

4.2.4 Considerações sobre edição

A edição precisa separar o que é bom daquilo que realmente não serve para o projeto; independentemente de ser música, cinema ou jogos, o material ruim deve ir para o lixo. À medida que se ganha experiência, passa-se a não ter piedade de eliminar resíduos. É claro que a edição também pode fazer de amostras que aparentemente não têm valor algo fantástico, mas vale destacar que, nesse caso, o advérbio "aparentemente" é válido para o ouvido leigo, e não para o editor experiente. Um editor pode se tornar um grande produtor, pois já começa a pensar como editor, ou seja, ao escutar um áudio já sabe se ele poderia vir a ser a expressão de algo em forma de som.

A função principal da edição é deixar aquilo que é bom ainda melhor. Em música, trata-se de colocar as notas nos lugares corretos, ajustar trechos que precisam ser misturados – uma parte do primeiro *take* ou trechos do segundo *take*. Um narrador que lê três vezes um mesmo diálogo, pode ser facilmente editado, para que a versão final fique muito boa e contenha trechos diversos dos três *takes*.

A edição bem-feita coloca os sons em ordem para seguir para a mixagem. Os procedimentos de mixagem e os de edição estão no mesmo *software* – o DAW – e, visto que ambos processam os sons, por vezes não se percebe grande diferença entre edição e mixagem, mas um especialista em desenho de som certamente nota a melhoria.

Gravar já editando, se o produtor ou editor for muito rápido, é uma excelente prática, pois, em vez de gastar muito tempo escolhendo os trechos de diversos *takes*, pode-se ir montando o material durante a sessão de gravação. Entretanto, se o editor ainda não tem experiência ou não está acostumado com o DAW que está sendo usado para gravar, isso é desaconselhado. Imaginemos um diretor de dublagem, dois dubladores, o desenvolvedor do jogo esperando o editor achar uma tecla de atalho e um processo de normalização que pode não estar disponível no DAW do estúdio. Claro que o engenheiro de som responsável pelo estúdio poderia ajudar a acelerar a sessão, mas é melhor seguir a ordem dos processos e fazer tudo da melhor forma possível. Cada ação tem a hora certa de ser realizada.

A etapa de edição é muito bem definida em música e talvez não tão bem no cinema e para os que não fazem parte da indústria.

> A edição de som está relacionada com a captação de áudio, seja no momento da gravação ou para complementar a cena, como um som ambiente ou o barulho de trânsito. Além disso, quem lida com esse trabalho precisa definir as melhores ferramentas e tecnologias para coletar o som, como microfones, booms e lapelas. (Battaglia, 2019)

É compreensível que a importância da edição de áudio não seja notada, pois ela é feita para que não se percebam erros, então tudo bem se o público final não reconhecer ou não entender que esta etapa do processo existe. Contudo, é inaceitável que o estudante não tome ciência da existência e da importância dessa etapa. Como a edição de áudio no cinema e no desenho de som para jogos herdaram o conhecimento e experiência da produção musical, é compreensível que a área pioneira tenha mais produtores de conteúdo sobre o assunto e mais mão de obra especializada que realize essa função.

> Hoje a produção em estúdio se dá através de cinco fases bem definidas: **pré-produção**, **gravação**, **edição**, **mixagem** e **masterização**, realizadas através do trabalho conjunto de uma equipe de profissionais – produtores, cantores, instrumentistas, arranjadores, técnicos e engenheiros de som [...]. (Macedo, 2006, p. 1, grifos do original)

Esse é um processo bem definido e fácil de ser emprestado para o desenvolvimento de qualquer trabalho fonográfico.

4.3 Mixagem

Até o som da palavra *mixagem* parece já ter um *reverb* natural. Ou será que é o impacto do que esse processo tem é que faz os profissionais serem invadidos por um ímpeto sonoro criativo? Um pouco disso, um pouco daquilo.

> Les Paul foi o pioneiro do conceito de overdubbing (processo de gravação pelo qual novos sons são adicionados a outros já gravados) no fim da década de 1940 e início da de 1950, na revolucionária gravação de How High The Moon6. Naquela gravação ele tocou todas as partes de guitarra e Mary Ford fez todos os vocais. (Burgess, 2002, p. 1-2)

A mixagem parte do princípio de misturar sons, mas vai muito além disso. Durante essa etapa, o técnico ou o produtor buscam aprimorar os sons para que eles alcancem a ênfase necessária. Os sons graves precisam ser realmente graves, pesados, explosivos. Aqueles que precisam de brilho devem tê-lo, sem perder qualidade. Os sons, durante os processos de mixagem, podem passar por transformações fantásticas.

A mixagem para o jogo pode ser o diferencial para o desenho de som inteiro, e até bibliotecas de sons que foram montadas para o projeto podem simplesmente não funcionar sem a devida mixagem. Os sons não parecem ser do mesmo universo. A reverberação dos efeitos pode não parecer fazer parte daquele *game*, a trilha sonora pode encobrir muitas *nuances* que deveriam aparecer.

É uma etapa do processo que exige um refinamento, uma sofisticação maior do que as anteriores. O ideal é que o responsável pela mixagem saiba ao menos como funcionam as etapas anteriores, pois seria estranho ter de diferenciar um áudio que está pronto para ser mixado de um áudio que está malcaptado ou malprocessado na edição de uma maneira que destruiu a amostra de som.

Muito se aprende com a experiência e com horas e mais horas em um estúdio fechado com o prazo da entrega apertando o pescoço. Contudo, pode-se ganhar muito tempo estudando antes de fazer várias tentativas de mixagem sem ter os conhecimentos necessários e utilizando processos ou recursos dos *softwares* de maneira equivocada.

4.3.1 Equipamentos de mixagem

Alguns *hardwares* são necessários para se realizar essa etapa do processo. Não é um pedágio ou uma maneira de proteger os profissionais do mercado, é realmente uma necessidade. Existem equipamentos que podem ser substituídos e a mixagem pode ser realizada com um orçamento mais baixo do que aquilo que didaticamente foi definido como ideal. Em todo caso, a lista de *hardwares* que segue é uma sugestão para efetuar a etapa de mixagem com a melhor qualidade possível.

Qualquer profissional de mixagem certamente faria uma relação de equipamentos mais ou menos similar; então, é interessante conhecer os diversos aparelhos e comparar a opinião de diferentes profissionais. Deve-se procurar profissionais com resultados de trabalho que sejam parecidos com os desejados. Nem sempre um profissional da área é um bom instrutor, e tudo deve ser filtrado, sendo retido o que é bom de cada fonte.

A imagem estereotipada da mixagem envolve o uso de uma mesa de som. Uma mesa de som ajuda, mas não é tão essencial se você tem os arquivos de áudio. Então do que você precisa para mixar?

Quanto ao equipamento, você precisará de:

- Um computador capaz de rodar software de música.
- DAW (digital audio workstation). Esta será sua plataforma central e interface para mixagem.
- Plugins de áudio. Efeitos como EQ, reverb e compressores podem ter que ser usados. Alguns DAWs incluem esses elementos.
- Monitores e fones de ouvido. E não, um não substitui o outro.

> Além disso, você precisa da sua gravação. As várias faixas da gravação, também conhecidas como "stems", podem ser usadas para criar o seu mix. Finalmente, você precisa de uma faixa de referência (um mix parecido com o que você quer criar) e de seus ouvidos! (Mixagem..., 2019)

É importante ter um **par de monitores** de referência, pois todo o trabalho se baseia naquilo que se ouve e, se for utilizado um som que não reproduz com fidelidade o material que está sendo trabalhado, tudo é jogado fora. Sem uma boa monitoração, é muito provável que o material que foi mixado, quando colocado para tocar em outro aparelho de som, causará arrepios, palpitações e arritmia cardíaca no profissional. Ele vai pensar "Onde estão os meus sons?"; "Cadê a mixagem que eu fiz?"; "Aquele som de explosão está parecendo uma lista telefônica caindo no chão da cozinha".

A **sala** em que se faz a mixagem precisa de tratamento acústico para que não se tenha uma impressão errada dessa tarefa. É como colocar um *setup* de monitores de referência em um salão do tamanho de uma igreja. O *reverb* será inevitável e até os sentidos vão ficar confusos com tanta reflexão das ondas. Claro que o exemplo é exagerado, mas ao se mixar o som de um jogo realista que mais parece um filme em um quarto virado para a rua onde há carros, cachorros, crianças brincando e todo tipo de ruído, será possível identificar se o BG do jogo está bom o suficiente? Enfim, o ideal é que a sala tenha um projeto acústico e, se a intenção for a profissionalização, deve-se buscar construir um *home studio* acusticamente funcional.

É essencial ter um bom par de **fones de ouvido** para a mixagem. A resposta de frequência deles deve ser o mais linear possível e, como são necessárias horas para fazer uma mixagem, mesmo se ela for breve, pode-se escolher um modelo de fones abertos de cápsulas grandes que seja confortável. Há quem diga que mixar com fones de ouvido é um sacrilégio ou é uma prática totalmente contra todos os cânones da "seita dos técnicos de som dos últimos dias", mas a verdade é que a maior parte dos profissionais já mixou algum trabalho no fone e ficou normal. É natural produtores e técnicos de mixagem utilizarem monitores de referência e fones para ouvir suas mixagens, para saber se estão seguindo o caminho correto.

O *mixer*, ou *mesa de som controladora*, é um equipamento que pode controlar o *software* DAW – e existem mesas produzidas pelo mesmo desenvolvedor do DAW. São equipamentos que podem dar uma profundidade maior às mixagens. Muitas ações não podem ser feitas usando *mouse*, como automações de múltiplos canais simultaneamente.

4.3.2 A herança da mixagem: da música para o cinema, e desta para os jogos eletrônicos

Apesar de serem áreas correlatas, evoluindo paralelamente e tendo suas expressões artísticas formas diferentes, a mixagem de áudio – que veio da música, foi absorvida e quase reinventada para o cinema – é um legado que passou também para a mixagem de jogos.

Raramente um produtor ou técnico de mixagem trabalha com jogos eletrônicos sem ter experiência na área musical, pois, quem se dedica a essa tarefa precisou aprender a fazer música primeiro. É como um treinamento obrigatório, que oferece grandes vantagens. Ter de fazer uma guitarra distorcida soar como uma guitarra distorcida de um disco de verdade é um verdadeiro desafio. Nos extras do

DVD (Digital Video Disc) do filme *Shrek*, os produtores de áudio mostram o processo de criação dos sons do dragão. Foi necessário mixar vários animais para que o efeito do som desse a impressão de que havia realmente um dragão em cena.

Além de misturar e processar os sons, a mixagem precisa colocar uma dinâmica nos diferentes cenários ou momentos do jogo. Pode ser que o produtor ou o técnico de mixagem tenha de fazer diferentes ambiências – usando *reverbs* distintos ou regulagens diversas – para um mesmo grupo de sons para que, durante o jogo, o usuário tenha a sensação de que os planos sonoros mudaram. Por exemplo, um som de golpe acontece durante o jogo todo; porém, é possível exportar diversas versões do mesmo som para colocá-lo em diferentes ambientes. Para dar a impressão de que o personagem está em uma sala menor, coloca-se um *reverb* mais curto ou até mesmo o som quase sem *reverb*. Quando o personagem está em uma sala enorme, adota-se um *reverb* ou até mesmo um pouco de *delay*.

4.3.3 Habilidades necessárias e conhecimentos recomendados

Em primeiro lugar, o técnico ou o produtor precisa ser muito criativo. Ele não pode ter esquecido como é brincar como uma criança, deve ter capacidade de imaginar sons antes de sair procurando em bibliotecas ou tentando gravar um *foley*. A criatividade é a principal habilidade necessária.

É bom que o técnico de mixagem ou o produtor tenha noções boas de música – principalmente de arranjo e a prática de mixar música. Essas habilidades podem interferir no resultado, quando o profissional pensa em como os diversos elementos ajudam a construir uma paisagem sonora. Talvez, até por costume, o produtor que tenha experiência em mixagens de música construa os BGs de forma a complementar frequências que os outros sons do jogo não enfatizem, ou seja, tenha a sensibilidade de mixar a música do jogo para que os sons apareçam sem haver mascaramento. Então, o contato com música e com mixagem musical é uma habilidade que pode ser muito valiosa.

Uma habilidade importante é saber operar o DAW, utilizar o *software* para aplicar os processos de forma correta conseguindo transformar as ideias em resultados. Claro que é possível contratar um técnico ou um engenheiro de som e ficar apenas dando ideias e julgando se a execução foi eficiente, mas o melhor é realmente ter a habilidade de operar o DAW.

A percepção auditiva ou o treinamento auditivo é de vital importância para trabalhar com mixagem. No caso de não estar à disposição do indivíduo um treinamento para identificar as notas musicais, que ele tenha pelo menos um ouvido apurado para saber quando existe consonância e dissonância.

> Como o cérebro tem uma boa capacidade de se modificar internamente de acordo com os estímulos que ele recebe (neuroplasticidade), o Treinamento Auditivo propõe uma sequência de exercícios específicos para estimular as habilidades auditivas, modificar o cérebro e melhorar o processamento auditivo. (Treinamento auditivo, 2021).

Se for desejada uma evolução na mixagem, o treinamento auditivo é recomendado para melhorar a percepção e a cognição e mudar, até mesmo, a fisiologia do cérebro. Uma matéria muito importante para o técnico de mixagem é a psicoacústica.

A psicoacústica, disciplina que se encontra na fronteira entre a acústica e a fisiologia auditiva, ocupa-se essencialmente das relações entre as características do som e a sensação auditiva que ele provoca. (Lorenzi, 2016)

Conhecer os truques que a mente aceita ou os problemas que os sons enfrentam na acústica do mundo real simplifica a resolução de problemas ou a criação de cenários em que o controle já está todo nas mãos do profissional.

Aos mais ousados, é aconselhável conhecer um pouco mais sobre **neurologia** voltada à música. Alguns livros do autor Oliver Sacks, em especial *Alucinações musicais: relatos sobre a música e o cérebro* (Sacks, 2007), podem tornar o técnico de mixagem ou o produtor ainda mais sagaz em suas ideias de mixagem. Esse tipo de estudo neurológico complementa muito bem a psicoacústica.

Trata-se de uma área relativamente nova e que constantemente apresenta descobertas baseadas em estudos com pessoas que perderam partes do cérebro em algum tipo de acidente. Muito se pode aprender – e muito mais imaginar – e usar esses conhecimentos não como regra, mas como inspiração para criar efeitos sonoros que surpreendam ou maravilhem o espectador.

4.3.4 Processos de mixagem

Depois de pensar muito nos sons e editar todas as amostras gravadas ou baixadas de bibliotecas, é preciso dar a forma final ao projeto. Mesmo que se tenha de fazer a mixagem em algum DAW com o qual ainda não se tem intimidade, certos processos são necessários.

Então, é sempre possível pesquisar na aba *Help* do *software* ou fazer uma breve pesquisa com o nome do processo e o nome do DAW que estiver sendo usado, para que se possa rapidamente aprender a operar o programa. Entretanto, o principal é saber como os processos de mixagem funcionam, para que se possa mixar em qualquer DAW, mesmo porque os processos de mixagem já existiam na era do áudio analógico e muitos adotam até mesmo uma interface gráfica que imita os antigos *hardwares*.

4.3.4.1 Equalizadores

Os equalizadores podem ser nativos dos DAWs ou podem ser instalados como Virtual Studio Technology (VST), e alguns produtores ou técnicos de mixagem se acostumam com os resultados de um ou outro equalizador específico. O mais importante, porém, é entender como os sons precisam se comportar e saber o que esse recurso pode fazer com a amostra de som. Vale destacar que os equalizadores trabalham com filtros.

> **Filtros de passagem** ou **de corte** atenuam todas as frequências segundo uma certa *curva* e após uma determinada *frequência*. [...] Existem filtros de corte de frequências graves e de corte de frequências agudas. [...]
> **Filtros de Prateleira** (ou *Shelving*, em inglês) formam uma curva a partir de uma frequência específica, para então atingir um patamar linear. [...] Este filtro pode ser usado para atenuar o sinal (subtrativa) ou para dar ganho ao sinal (aditiva). [...]
> **Filtro de Pico ou Peak/Bell:** Como o nome ilustra, atua centrado em uma frequência determinada, atenuando ou dando ganho ao sinal próximo a ela. A faixa de frequências ao redor da central onde este filtro atua é definida pelo *Fator de*

> *Qualidade*, conhecido como "Q". A *Bandwidth*, que significa *Largura de Banda*, é a região onde o filtro de pico atua. [...]
>
> Entenda o **Filtro de Notch** como um filtro de "corte fino". Ele atua de forma parecida com o *Filtro de Pico*, porém com uma faixa bem pequena de frequências. (Como..., 2016, grifos do original. OSSIA – Centro musical)

Vejamos, na Figura 4.8, o filtro de corte.

Figura 4.8 _ **Filtro de corte**

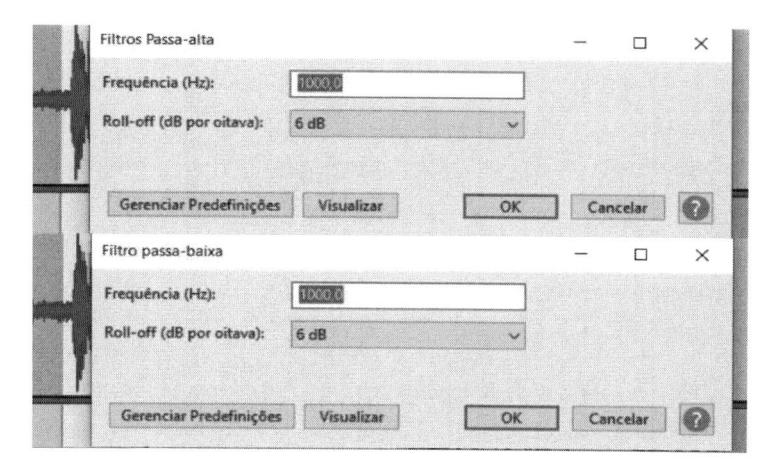

Fonte: Elaborado com base em Audacity Team, 2021.

Nessa figura, mostra-se o equalizador sendo utilizado para filtrar graves à esquerda, com um filtro do tipo passa alta e fazendo uma filtragem do tipo passa baixa à direita.

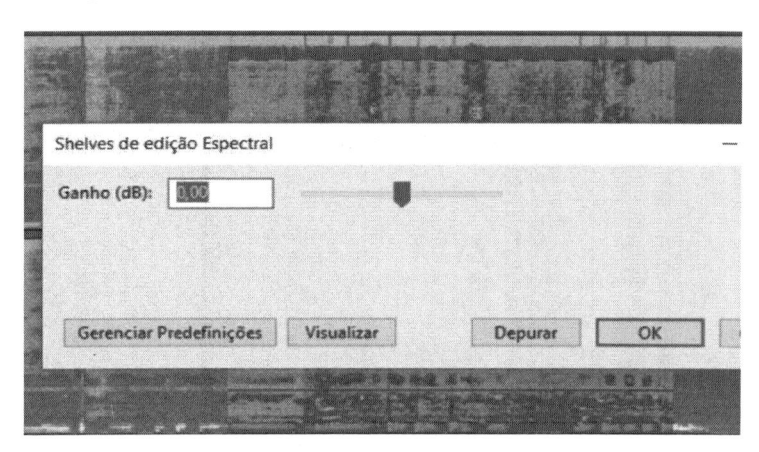

Figura 4.9 _ **Filtro do tipo prateleira ou** *shelving*

Fonte: Elaborado com base em Audacity Team, 2021.

Também conhecidos como *passa alta* e *passa baixa* (Figura 4.9), esses tipos de filtro são utilizados para retirar uma gama maior de frequências, como é o caso em que se deseja excluir por inteiro os ruídos graves ou os ruídos agudos de uma amostra. Esses filtros podem ser usados também para retirar graves e agudos, a fim de simular que a amostra sonora está sendo executada em uma fonte sem muita resolução de áudio, como seria o caso de um rádio antigo ou uma televisão de tubo.

Figura 4.10 _ **Filtro do tipo pico ou *peak/bell* (Limitador no Audacity)**

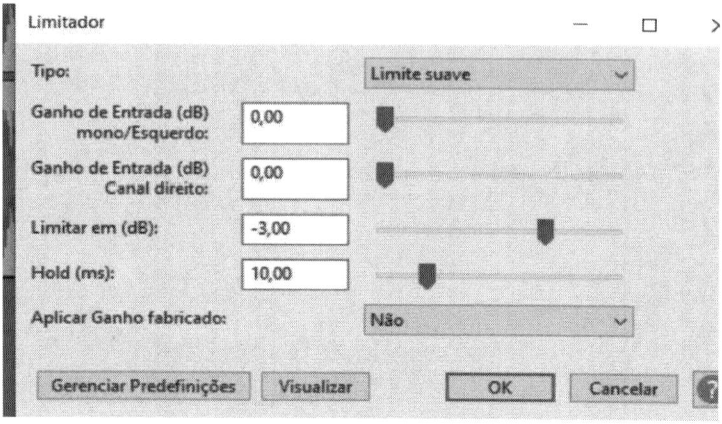

Fonte: Elaborado com base em Audacity Team, 2021.

Usando-se o filtro para cima da linha do meio, é executado um impulso nas frequências e, utilizando-se o filtro para baixo da linha do meio, isso atenua as frequências na área escolhida.

Esse tipo de filtro é o mais comum utilizado para montar planos sonoros sem conflito. Uma forma simples de harmonizar muitas fontes sonoras que necessitam de maior clareza para soarem ao mesmo tempo é encontrar as frequências em que cada uma delas trabalha melhor e fazer com que todas as outras fontes tenham uma atenuação nessa frequência. Por exemplo, há tiros que trabalham em 3 kHz, passos que trabalham em 130 Hz, um coração batendo em 50 Hz, a trilha sonora com violinos que nesse trecho vai ser equalizada com um impulso leve em 5 kHz. Em todas as fontes sonoras que não sejam os tiros, um equalizador utiliza um filtro do tipo *Bell* na frequência 3 kHz atenuada −6 dB. Em todas as fontes sonoras que não sejam passos, um filtro no mesmo equalizador, dessa vez na frequência de 130 Hz, atenua –6 dB. E assim ocorre para todas as fontes. A montagem dessa operação precisa de um equalizador no canal de cada amostra e as diferentes bandas de frequência são as mesmas. A diferença é que a fonte sonora que trabalha em uma frequência não precisa ser atenuada naquela banda. No caso de esse modelo de equalização soar com muita perda da qualidade das amostras, é possível ser um pouco mais específicos na frequência que se quer atenuar e usar o filtro do tipo *notch*.

Figura 4.11 _ **Filtro do tipo *notch***

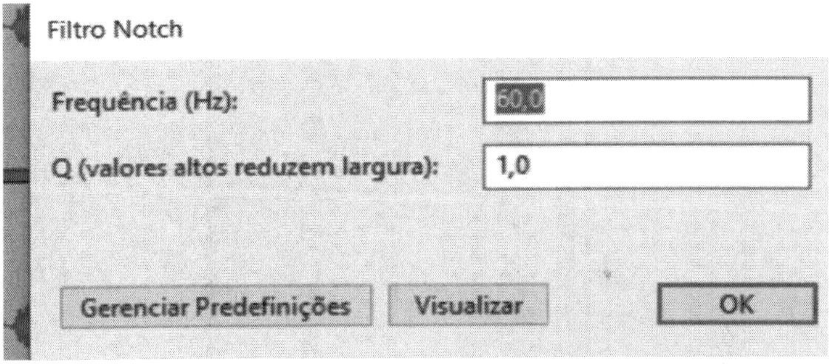

Filtro Notch

Frequência (Hz): 60,0

Q (valores altos reduzem largura): 1,0

Gerenciar Predefinições   Visualizar   OK

Fonte: Elaborado com base em Audacity Team, 2021.

Esse filtro é comumente usado para atenuar ruídos não propositais como sons de chiado de interferência elétrica, de guitarra ou pedal e ruídos provenientes de lâmpadas brancas, entre outros. Pode-se utilizar o filtro do tipo *notch* na frequência para eliminar (ou pelo menos atenuar) o ruído e seguir adiante sem ter de regravar tudo. Também é possível tentar simular tais ruídos ao impulsionar a frequência que normalmente os gera.

Os equalizadores podem ser de quatro tipos:

1. **Equalizador não paramétrico** – "não permite que sejam selecionadas diferentes frequências sobre as quais os filtros atuam, a largura de banda, a curva de *slope*, nem que alteremos o tipo de filtro" (Como..., 2016. OSSIA – Centro musical).

Figura 4.12 - **Equalizador não paramétrico**

Fonte: Elaborado com base em Plugin TDR Nova, 2021.

Figura 4.13 - **Detalhe de equalizador não paramétrico**

Fonte: Elaborado com base em Plugin TDR Nova, 2021.

2. **Equalizador semiparamétrico** – Permite escolher as frequências nas quais os filtros vão atuar.
3. **Equalizador paramétrico** – Oferece a possibilidade de identificar a curva *slope* e o fator de qualidade (fator Q); porém, não é possível escolher o equalizador a ser utilizado.
4. **Equalizador totalmente paramétrico** – Constitui um modelo mais recente e permite a escolha de filtros sem restrições.

Figura 4.14 _ **Equalizador paramétrico**

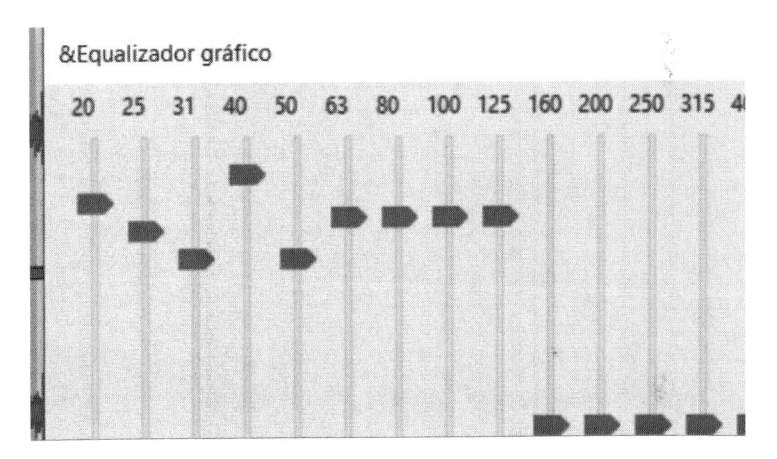

Fonte: Elaborado com base em Audacity Team, 2021.

Os equalizadores são essenciais quando se pretende colocar os sons ao mesmo tempo, sem que haja conflito. Quando há duas fontes sonoras, como as falas e a música, e o desejado é que as duas ocorram ao mesmo tempo sem que nenhuma delas perca inteligibilidade, pode-se utilizar um equalizador em ambos os canais, definindo qual é a faixa de frequência em que a voz vai atuar – normalmente, para voz, usa-se o centro de frequência em 1 kHz. No canal em que está a música, pode-se atenuar, por exemplo, 12 dB usando-se um filtro do tipo *bell*. Isso já seria suficiente para que as falas ocupassem essa região de frequência sem mascaramento.

> Na audição simultânea de dois sons de frequências distintas, pode ocorrer que o som de maior intensidade supere o de menor, tornando-o inaudível ou não inteligível. Dizemos então que houve um **mascaramento** do som de maior intensidade sobre o de menor intensidade. O efeito do mascaramento se torna maior quando os sons têm frequências próximas. (Fernandes, 2002, p. 38, grifo do original)

Os equalizadores podem transformar o timbre dos sons de modo que fiquem mais graves, mais médios ou mais agudos. Esse efeito é o que mais comumente se pensa a respeito desses aparelhos antes de serem ferramentas de resolução de dissonância entre as frequências.

É um processo de tamanha amplitude e aplicabilidade que precisa ser treinado para ser utilizado da maneira correta, evitando-se o uso que seria dispensável, como é comum ocorrer entre os técnicos de mixagem ainda sem experiência. Por isso, deve-se evitar realizar qualquer processo desnecessário, sem sobrecarregar o projeto com *plugins* em todos os canais, pois cada processamento distorcerá um pouco mais as amostras e utilizará mais processamento do computador. Isso tende a dar ao projeto um som feio e muito demorado para ser manipulado.

No próximo capítulo, trataremos de mais ferramentas de mixagem de som e processos necessários para se obter o melhor resultado sonoro.

Sandrarsky Dmitry/Shutterstock

CAPÍTULO 5

PRODUÇÃO SONORA: PARTE III

No capítulo anterior, abordamos os elementos da etapa de edição e começamos a analisar a etapa de mixagem. Neste capítulo, continuaremos a explanar os recursos de processamento de som para a mixagem e trataremos da fase de masterização.

5.1 Compressores

O compressor é um recurso, um processamento de áudio, que serve para comprimir a dinâmica da amostra de som. A dinâmica é um parâmetro relacionado às variações de intensidade da música ou da amostra de áudio. Em música, é mais fácil de entender e o conceito pode ser aplicado a qualquer gravação fonográfica. Uma orquestra pode ter diferentes intensidades, indo do pianíssimo ao fortíssimo, e um compressor pode garantir um volume mais linear, aumentando-o, no caso dos compressores *upward*, ou diminuindo-o.

Quase não existem compressores do tipo *upward*. A maioria esmagadora dos que se encontram nas mesas de som, nos compressores de *rack* e principalmente no caso do Virtual Studio Technology (VST) são compressores *downward*.

> Um compressor de áudio nada mais é que uma ferramenta que vai reduzir a diferença dinâmica do seu áudio, diminuindo o volume do que estiver muito alto (compressão downward), ou subindo o volume do que estiver muito baixo (compressão upward) [...]. (Iriarte, 2020)

Na prática, é comum fazer compressão das amostras e, posteriormente, normalizar os áudios, para que se possa ter a amostra com o máximo de ganho sem que ela tenha saturação. O processo de normalização foi descrito no capítulo anterior.

Figura 5.1 - **Compressor VST**

Fonte: Elaborado com base em Plugin TDR feedback Compressor II, 2021.

Os parâmetros mais fundamentais de um compressor são:

- *Threshold*, ou limiar.
- *Ratio*, ou razão.
- *Make up*, ou compensar.
- *Attack*, ou ataque.
- *Release*, ou tempo de liberação.
- *Input gain*, ou ganho de entrada.
- *Output gain*, ou ganho de saída.

5.1.1 *Treshold* ou limiar

A definição de *limiar* é, basicamente, o nível sonoro a partir do qual o compressor começa a atuar. Ressaltamos que o valor do limiar é negativo, pois o 0 decibel (dB) é o nível máximo da fonte sonora em ambiente digital.

> **Threshold**: o threshold delimita a partir de que nível (em dBs) o compressor vai atuar. Quanto mais abaixo do 0db estiver o seu threshold, maior será a extensão de intensidade que terá o sinal reduzido. Ou seja, se você estiver com seu *threshold* pouco abaixo do 0db, você terá apenas seus transientes reduzidos (picos de sinal de muita pressão sonora). Já se você tiver o seu *threshold* muito abaixo do 0db, você terá componentes de média e, talvez, até de fraca intensidade sonora reduzidos em volume. (Iriarte, 2020)

Se o *threshold* estiver delimitado em 0 dB no compressor de áudio, não haverá redução de sinal.

Esse parâmetro varia na maioria dos compressores, seja em equipamento físico, seja em virtual, de 0 dB até $-\infty$ dB. Ele indica a partir de qual amplitude sonora a compressão começa a atuar.

Figura 5.2 _ **Detalhe do compressor: *threshold* ou limiar**

Fonte: Elaborado com base em Plugin TDR feedback Compressor II, 2021.

É muito comum a definição de –20 dB como um padrão para compressão.

5.1.2 *Ratio* ou razão

A razão é a proporção de compressão do efeito, ou seja, o valor pelo qual será multiplicado o sinal. Esse parâmetro faz uma fonte sonora soar mais ou menos comprido.

> É neste parâmetro que definimos o quanto desejamos que o Compressor reduza o sinal de forma que a razão seja baseada em **proporção**.
>
> Uma relação 1:1 indica que uma porção do sinal que entra, sairá uma porção, ou seja, como se a redução do sinal não exista.
>
> Já na relação 2:1 indica que duas porções de sinal que entrar, sairá uma porção, ou seja, a metade do sinal que superar o ponto do Threshold poderá passar. (Borges, 2021, grifo do original)

Esse parâmetro indica a proporção da compressão, variando de 1:1 até ∞:1. Se uma onda sonora ultrapassa o limiar que foi definido no compressor, o valor de cada ponto da onda é multiplicado pela proporção da razão.

Figura 5.3 _ **Detalhe do compressor: *ratio* ou razão**

Fonte: Elaborado com base em Plugin TDR feedback Compressor II, 2021.

Suponhamos que uma onda atinja 0 dB; o limiar do compressor está regulado para –4 dB e a razão está regulada em uma proporção de 4:1. Em vez de o sinal ir até 0 dB, que seriam 4 dB de diferença entre o limiar e o nível original de amplitude da onda e ele, será processado como –4 dB dividido por 4, resultando em 1 dB. Caso fosse de interesse do produtor ou do técnico de mixagem obter uma amostra sonora com mais potência sonora, ele poderia normalizar esse *sample* obtendo +3 dB.

5.1.3 *Make up* ou compensar

O recurso compensar é usado para aumentar o volume geral do áudio que será comprimido. Funciona como um ganho de saída (*output gain*). Esse comando funciona muito bem para processamento em tempo real. Vale destacar que é preciso tomar muito cuidado para não saturar a fonte sonora, pois esse parâmetro tem esse risco.

> 99% dos compressores de áudio trabalham com o tipo de compressão downward, ou seja, reduzem o nível de sinal do que está acima do nível threshold. Desta forma, temos uma perda de volume. Para compensar esta perda de volume, podemos dar um ganho através do Make up. O Make up é, portanto, nada mais que um regulador de ganho no estágio de saída. Por isto, inclusive, muitos compressores nomeiam o Make up de 'output' (saída) ou 'output gain' (ganho de saída). (Iriarte, 2020)

Figura 5.4 _ **Detalhe do compressor: *make up* ou compensar**

Fonte: Elaborado com base em Plugin TDR feedback Compressor II, 2021.

Não é necessário ficar voltando um processo a todo momento e normalizando novamente o som. É possível utilizar também outro parâmetro – o *make up* – para que, depois de processado, o sinal seja aumentado com valor em decibéis (dB). Esse processo pode saturar a amostra, ou seja, o valor do ganho pode ultrapassar o limite máximo de 0 dB, o que deixará o som distorcido. Por isso, é preciso tomar cuidado.

Portanto, é interessante ter a opção de apenas utilizar a compressão sem aumentar nada do volume, para que depois de tudo processado seja realizada a normalização em caso de necessidade.

5.1.4 *Attack* ou ataque

Ataques rápidos fazem os transientes desses ataques sofrerem compressão. Se definido um ataque longo, os transientes não sofrem compressão. Isso muda radicalmente o timbre principalmente de fontes sonoras de caráter percussivo.

> É neste parâmetro que definimos o quanto de tempo o Compressor irá demorar em reduzir o sinal após ultrapassar o valor definido no *Threshold*.

Uma definição rápida, ou menor valor, faz com que o sinal seja reduzido imediatamente, este resultado pode ser **desconfortável** dependendo da aplicação. (Borges, 2019, grifo do original)

Esse parâmetro se refere à demora para que a compressão atue. O valor dos ataques é configurado em milissegundos (ms) e pode variar de 0 ms – um ataque instantâneo, muito rápido – até 200 ms – o que representa um ataque longo.

Figura 5.5 _ **Detalhe do compressor: *attack* ou ataque**

Fonte: Elaborado com base em Plugin TDR feedback Compressor II, 2021.

Um ataque rápido resulta em compressão sem transientes de ataque. Nesse caso, a amostra de sons soa mais encorpada, mas com menos ataques, o que não é muito interessante quando a intenção é ter sons mais incisivos, como explosões, socos e objetos metálicos caindo no chão, entre outros. Isso pode ser interessante para sons que precisam de muito corpo de som e não necessitam de ataque, como os de violinos, o de uma buzina marítima, os de motores ou um som grave que se arrasta dramaticamente.

Um ataque longo manteria o transiente de ataque da amostra sonora, o que é interessante quando se deseja comprimir o som sem perder o caráter do ataque percussivo da amostra sonora.

5.1.5 *Release* ou tempo de liberação

O *release* ou tempo de liberação do compressor refere-se a quantos milissegundos a compressão, depois de disparada, ainda atua na amostra de som.

Figura 5.6 _ **Detalhe do compressor: *release* ou tempo de liberação**

Fonte: Elaborado com base em Plugin TDR feedback Compressor II, 2021.

Dessa forma, o *release* pode ser:

Um *release* rápido (de 50 a 100 milissegundos).

A configuração de tempo de liberação (*release*) controla quanto tempo leva para o compressor liberar – ou deixar de atuar em – um sinal. Tempos de liberação rápidos também são ótimos para aumentar o volume percebido de uma faixa.

Em baixos níveis de redução de ganho, as velocidades rápidas de liberação são as mais naturais. No entanto, quando usado em altas taxas, os tempos de liberação rápidos podem fazer com que as faixas soem mais agressivas e agressivas. [...]

Um *release* lento (de 2 a 5 segundos).

A configuração de liberação controla quanto tempo leva para o compressor liberar um sinal. Tempos de liberação rápidos também são ótimos para aumentar o volume percebido de uma faixa.

Uma configuração de liberação controla quanto tempo leva para o compressor liberar um sinal. Tempos de liberação rápida também são ótimos para aumentar o volume percebido de uma faixa.
Velocidades de liberação lenta são ótimas para suavizar performances dinâmicas.

(The secret..., 2020, tradução nossa)

É interessante fazer um teste de mudar radicalmente o *release* de uma fonte comprimida para verificar a diferença do timbre e da sensação sonora. Se o profissional se basear apenas no que leu sobre os parâmetros do compressor, dificilmente vai desenvolver a capacidade de imaginar o efeito antes de aplicá-lo em uma situação prática.

5.1.6 *Input gain* ou ganho de entrada

O ganho de entrada se refere ao valor da amplitude do sinal antes do processamento. Caso o sinal não tenha sido normalizado na etapa de edição, é interessante ajustar o ganho da entrada para que a compressão surta o efeito esperado. É necessário ter cuidado, porém, pois, caso a amostra de áudio já tenha sido normalizada, qualquer aumento do ganho de entrada resulta em som saturado.

Esse recurso é muito utilizado para processamento em tempo real, mas enfatizamos que o melhor processo para obter o mesmo efeito é a realização da normalização das amostras.

Outro ponto a ser levado em consideração é o fato de os compressores, em geral, apresentarem apenas o *input gain* ou o *output gain* (um dos dois) para manipular a amplitude do sinal. Por exemplo, o *plugin* TDR Feedback Compressor II, utilizado em diversos DAWs, como o Audacity, apresenta apenas o ganho de saída como opção para manipular a amplitude do sinal.

5.1.7 *Output gain* ou ganho de saída

O ganho de saída, por sua vez, é um controle de ganho para depois do processamento da compressão, podendo ser utilizado como o *make up*, descrito anteriormente, mas que atua no final da cadeia de processos dentro do compressor. Se a compressão já tiver sido compensada com o *make up*, deve-se considerar bem a utilização do aumento de ganho na saída, pois esse parâmetro também pode causar a saturação do sinal.

Figura 5.7 _ **Detalhe do compressor:** *output gain* **ou ganho de saída**

Fonte: Elaborado com base em Plugin TDR feedback Compressor II, 2021.

Devemos lembrar que nem todos os VSTd contém botão redondo imitando a interface analógica como o exemplo apresentado.

5.1.8 *Side chain* ou compressão paralela

A técnica do *side chain* ou compressão paralela é utilizada para comprimir um canal de áudio a partir de parâmetros dinâmicos de outro canal. Um exemplo prático é a situação em que um compressor paralelo é ligado em uma trilha de música e, quando um locutor executa sua fala, a trilha de música abaixa automaticamente.

SideChain/Source

É neste parâmetro que definimos **de onde partirá** o recurso do sinal que será monitorado, podendo receber o sinal antes ou depois do equalizador paramétrico ou então receber o sinal de outros canais ou fontes. (Borges, 2021, grifo do original)

Por isso, deve-se treinar a compressão do tipo *side chain*, pois se trata de um recurso muito interessante que pode ser utilizado em diversas situações.

Figura 5.8 _ **Detalhe do compressor: *side chain* ou compressão paralela**

Fonte: Elaborado com base em Plugin TDR feedback Compressor II, 2021.

Esse recurso do compressor é mais utilizado em música, e pode contribuir durante a execução do jogo. Caso o desenvolvedor crie um compressor dentro do jogo, ou seja, um algoritmo para que a amplitude de um sinal – um arquivo de áudio de uma ação do personagem, por exemplo – dispare a compressão do sinal de áudio da trilha sonora, tem chances de dar um caráter muito inusitado para alguma ação do jogo. Entretanto, seria como o desenvolvedor tivesse de recriar um VST dentro do jogo, o que pode dar muito trabalho para pouco resultado estético.

A despeito disso, mesmo que o programador ou o desenvolvedor do jogo não possa criar um compressor para que a mixagem seja ainda mais dinâmica, em uma programação simples, é possível combinar com o programador para que os áudios tenham uma dinâmica de volumes direta, com pelo menos controle de volume, sem compressão. Levando-se em conta apenas a compressão paralela, pode-se multiplicar esse conceito de condição de um parâmetro do áudio podendo afetar outro áudio em diversas situações.

5.1.9 O compressor como um processo de alteração do timbre da amostra de áudio

Uma observação pertinente ao uso de compressores é que, por mais que se entenda a teoria – o que com certeza é interessante e acrescenta conhecimento ao técnico e ao produtor –, só se consegue um bom aproveitamento da referência escrita depois de fazer algumas experiências. E aquilo que estimula um produtor a pesquisar e procurar configurações no compressor, aquilo que realmente motiva um produtor a passar horas em frente a um computador ou dentro de um estúdio fazendo experimentos com os compressores é ter um som em mente e tentar alcançar na gravação o mesmo timbre.

Apesar de detalharmos todos os parâmetros e termos explicado como funciona a matemática e a lógica do compressor, é importante ter isto em mente: o processo de compressão muda e caracteriza o **timbre** da amostra sonora.

> Um instrumento musical é caracterizado por sua extensão de alturas e de níveis de intensidade e pela qualidade sonora ou timbre dos sons produzidos por ele. A representação sonológica de um instrumento musical envolve a estimação dos parâmetros físicos que contribuem para a percepção de cada um destes três atributos: altura, intensidade e timbre. Dentre eles, o timbre é o que apresenta maior complexidade na medição e na especificação dos parâmetros envolvidos na sua percepção. O conceito abstrato aparentemente simples de timbre refere-se comumente à cor ou à qualidade do som. É percebido a partir da interação de inúmeras propriedades estáticas e dinâmicas do som, agregando não apenas um conjunto extremamente complexo de atributos auditivos, mas também uma enorme gama de fatores que traduzem aspectos psicológicos e musicais. Sua definição oficial pela ASA (*American Standard Association*) o dissocia dos conceitos de intensidade e altura: "atributo do sentido auditivo em termos do qual o ouvinte pode julgar que dois sons similarmente apresentados com a mesma intensidade e altura, são dissimilares" (RISSET e WESSEL, 1999). As variações de timbre são percebidas, por exemplo, como agrupamentos de sons tocados por um mesmo instrumento musical, ou falados por uma mesma pessoa, mesmo que estes sons possam ser bem distintos entre si, de acordo com sua altura, intensidade ou duração. (Loureiro; Paula, 2006, p. 57-58)

Apesar de essa citação descrever o timbre como característica musical, ele não é um parâmetro exclusivo dos instrumentos musicais. Todos os sons têm timbres.

O produtor musical que estiver se aventurando em fazer desenhos de som, tanto para cinema quanto para jogos eletrônicos, tem de utilizar todo o seu conhecimento com mixagem de música para obter os sons mais adequados, mais empolgantes e mais surreais para sonorizar seu filme ou seu jogo.

O compressor é uma ferramenta muito poderosa para alcançar o que se pretende tendo uma amostra com potencial. Por vezes, as fontes sonoras podem parecer pobres, opacas e um tanto apagadas, mas, quando se sabe utilizar as ferramentas de mixagem da maneira correta, é possível chegar a timbres, a resultados sonoros capazes de ilustrar as imagens, as ações e as expressões necessárias para que o jogo se torne ainda mais divertido.

5.2 *Reverb* ou reverberação

A reverberação é utilizada para dar a profundidade simulada de alguns ambientes, porém esse efeito nem sempre é utilizado com o propósito de conferir realismo.

No começo das gravações, reverberação só era obtida de forma natural, gravando-se espaços que a reproduziam, o som do ambiente era geralmente captado por um só microfone em espaços como teatros que foram depois usados como espaços para gravação de orquestras através de sistemas mais elaborados de captação.

> Depois da Segunda Guerra Mundial, na época das *big bands* dos anos 1940 e 1950, o rádio começou a desempenhar um papel cada vez mais importante em como as pessoas consumiam música. Melhorias na tecnologia dos microfones e a criação da gravação em fita magnética tornaram possível experimentar o posicionamento de microfones aumentando a atenção sobre o *reverb*. (Keller, 2021, tradução nossa)

Cabe destacar a importância de entender como se faziam os primeiros efeitos de *reverb*, pois se pode ainda hoje utilizar os mesmos recursos. Em alguns casos, por escolhas estéticas, e não pela limitação de recursos tecnológicos, pode-se optar por utilizar as mesmas técnicas.

> Um dos primeiros usos da reverberação com real intenção de melhorar uma gravação foi feita pelo engenheiro Robert Fine, que introduziu microfones para captar ambiência nas primeiras gravações do *"Living Presence"* na Mercury Records. [...] Em 1957, a companhia alemã Elektro-Mess-Technik (EMT) apresentou o EMT 140, o primeiro *reverb* tipo *plate*. [...] Outra tecnologia que surgiu nos anos 50, foi a do *spring reverb*. (Keller, 2021, tradução nossa).

No entanto, nessa época, os efeitos eram todos analógicos. Houve então uma grande evolução do uso da reverberação, mas, com o advento do processamento digital de áudio, as possibilidades tornaram-se mais numerosas. Como todas as outras ferramentas que citamos, o *reverb* também se tornou muito mais acessível, e a produção sonora, muito mais fácil, criando todas essas possibilidades apenas com a instalação de *softwares* que muitas vezes são de código aberto ou são lançados por entusiastas que não visam ao lucro.

> Com o advento da tecnologia digital do final dos anos 1970 e começo dos 1980, a tecnologia de áudio sofreu grandes mudanças e isso inclui o *reverb*. Reverberação digital permite criar programas que emulam o comportamento da ambiência natural, bem como, simular também os *reverbs* de tipo *spring*, *plate*, entre outros. (Keller, 2021, tradução nossa)

É possível achar VSTs que simulam os *reverbs* que se consagraram e se tornaram clássicos.

Não somente na produção de música, mas também nos sons para filmes e jogos, alguns *reverbs* são muito característicos e sagram-se referenciais. É importante ter esmero na mixagem para evitar uso excessivo ou impedir que as regulagens fiquem exageradas.

> Hoje, no mundo das estações de trabalho de áudio digital – DAW – o processamento de sinais é barato e abundante, até programas mais simples oferecem vários tipos de *reverb* e as gravações modernas usam um ou mais *reverbs* por instrumento. Agora o desafio não é mais qual *reverb* usar, mas qual combinação de *reverbs* é necessária para criar um som natural de ambiência. (Keller, 2021, tradução nossa.)

Apesar de as referências sobre mixagem serem muito mais abundantes nos processos de criação e de produção musical, uma mente é capaz de transpor o conhecimento e entender as ferramentas para qualquer tipo de produção.

Para a produção de jogos, o uso do *reverb* é muito mais importante do que para a mixagem de música, pois é necessário aplicar reverberações sintéticas a fim de simular ou ilustrar ambientes, sejam reais, sejam fantásticos, que deem ao jogador uma sensação de imersão no jogo.

Na música, é comum utilizar um ou dois *reverbs* em um mesmo instrumento. Quando é necessário processar um som para ilustrar um ambiente virtual, deve-se utilizar muito mais do que dois *reverbs*. Talvez se utilizem *reverbs* diferentes para cada amostra de áudio e depois mais um ou dois para dar harmonia em relação à reverberação de todos os sons que compõem a paisagem sonora.

Diferentemente dos compressores que, apesar de alterarem um pouco o resultado, mantêm parâmetros razoavelmente iguais, os *reverbs* mudam muito de um para outro – tanto em termos de *hardware* quanto de *software*. Os tipos de *reverb* mais conhecidos e utilizados, conforme Fraktal (2017. Escrito por: Dennison Andrei de Souza aka Alien Chaos. www.alienchaosmusic.com) são:

- **Room** (de 0,2 a 1 segundo) – Funciona muito bem para dar um pouco de ambiência para as amostras de som sem ser muito perceptível. Exemplo de VST: Plugin Valhallaroom.
- **Hall** (de 1 a 4 segundos) – É facilmente identificado, tornando a fonte sonora perceptivelmente processada. Exemplo de VST: Plugin Waves IR1.
- **Plate** (de 1 a 4 segundos) – Também é facilmente percebido. Exemplo de VST: Plugin Waves Abbey Road Plates.
- **Spring** (de 1 a 2 segundos) – Pode ser usado para gerar um efeito psicodélico ao áudio. Exemplo de VST: Plugin Waves Reverb.

Apresentamos os principais *reverbs*, mas sugerimos ao leitor que experimente diversas regulagens para cada tipo de reverberação.

Além dos tipos de *reverbs*, é importante conhecer alguns parâmetros de regulagem para obter diferentes efeitos da mesma ferramenta. Como já comentamos quando tratamos das ferramentas de mixagem e, em capítulo anterior, sobre as ferramentas no processo de edição, mesmo diante de alguma limitação provocada por troca de computador ou por se estar trabalhando em algum estúdio que não tenha os mesmos *softwares* e *plugins* aos quais se está acostumado, quando se conhecem os parâmetros, é possível chegar aos resultados esperados. Isso é válido quando se tem um bom domínio da ferramenta; afinal, sair girando botões virtuais e esperar para ver o resultado não é a melhor das opções.

Sendo assim, vale analisarmos agora alguns parâmetros mais comuns e importantes de um *reverb*:

> **Room Size** [tamanho da sala]: Diretamente relacionado ao tamanho do ambiente em que será reproduzido [...]
>
> **Decay Time** [tempo de decadência]: Este é o tempo em que o reverb vai se dissipar após o sinal original tocar [...].
>
> **Early Reflections** [primeiras reflexões]: Este parâmetro define o nível do primeiro grupo de ecos que ocorre quando as ondas sonoras atingem paredes, tetos, etc. (Fraktal 2017, grifo do original. Escrito por: Dennison Andrei de Souza aka Alien Chaos. www.alienchaosmusic.com)

Deve-se utilizar diferentes regulagens de parâmetros e fazer anotações para associar os parâmetros com as mudanças de timbre. Mais importante do que fazer a leitura e compreender as instruções é realizar experiências práticas com o intuito de criar a capacidade de imaginar como ficaria uma fonte sonora processada com o efeito.

Pre-delay [pré-atraso]: Tempo de atraso em que o reverb vai começar a atuar [...]

Damping [amortecimento]: Em um salão cheio de pessoas as reflexões tendem a perder frequências altas, dando assim mais "calor" para o reverb. [...]

Width [largura]: Usado para configurar o tamanho da imagem estéreo do reverb.

Dry/Wet (Mix): Comum não somente em reverb mas em muitos outros efeitos este é a relação entre o sinal original (dry ou seco em português) e o efeito em si (wet ou molhado em português [...]. (Fraktal, 2017, grifo do original. Escrito por: Dennison Andrei de Souza aka Alien Chaos. www.alienchaosmusic.com)

Para finalizar nossa abordagem sobre os *reverbs*, apresentamos aqui uma lista dos oito melhores, sugeridos pelo *site* Produce Like a Pro. Essa lista não tem a intenção de fazer propaganda ou gerar qualquer tipo de retorno comercial, mas é baseada na escolha dos redatores em relação a opções de VSTs parecidas com as (ou as mesmas) que os melhores profissionais do mercado utilizam. Não é garantia de resultado de um profissional, mas com certeza é um bom começo (McAllister, 2019, grifo do original):

1. "**FabFilter | Pro-R** [...]
2. **Waves | H-Reverb** [...]
3. **Waves | Manny Marroquin Reverb** [...]
4. **Waves | RVerb** [...]
5. **Universal Audio | EMT 140 Classic Plate Reverb** [...]
6. **Universal Audio | Lexicon 224** [...]
7. **Valhalla DSP | Reverb Series** [...]
8. **Denise Audio | Perfect Room**"

Vale muito a pena gastar um tempo configurando os VSTs de *reverb* no Digital Audio Workstation (DAW) de trabalho. Diferentemente de outras ferramentas e recursos, os *reverbs* nativos nem sempre são tão bons quanto os *softwares* dedicados disponíveis no mercado.

5.3 Delays

Não somente com o intuito de usar os efeitos de *delay* em música, mas de utilizá-lo de inúmeros formas criativas é que detalharemos como funciona essa ferramenta.

> Um dos efeitos bastante utilizados em áudio é o *delay*. O que este efeito faz simplesmente é atrasar o som antes de recolocá-lo na saída de áudio, criando algo similar a um eco. Este efeito é usado, normalmente, de duas formas possíveis: com um valor de atraso muito pequeno (inferior a 100 ms), normalmente para reforçar um determinado canal (por exemplo, para reforçar ligeiramente a voz); ou com um valor de atraso médio/grande, (superior a 100 ms) para criar um efeito realmente temporal mais ou menos similar a um eco.
>
> Na maior parte das vezes, o delay é usado como efeito musical, cujo valor tem como base o tempo da música, ou seja, utiliza-se o delay para que o tempo de atraso coincida com uma semínima ou uma colcheia (ou algo similar), de forma a que o *delay* esteja sincronizado com o ritmo. (Frade, 2014)

Os *delays* são muito utilizados em mixagens musicais e podem ser ótimos recursos para efeitos sonoros de diversos tipos. Confira, então, o relato de alguém que construiu, dentro de uma equipe, o desenho de som do longa-metragem *Ensaio sobre a cegueira* (2008) e posteriormente fez um belíssimo trabalho acadêmico descrevendo todos os processos de desenho de som.

> Uma outra característica comum a todas as cenas do branco foi a manipulação dos ambientes e dos *hard-effects* de forma a transformá-los em sons agudos e metálicos para que eles fossem ouvidos no mundo criado para os cegos. Os sons foram manipulados em tempo real com um *plugin* da Waves chamado *Enigma*, que possibilita processamento de modulação de frequência e amplitude, filtros, efeitos de *reverbs* e *delays* e mudanças de fase da onda. Como resultado desse processamento, obtivemos os mesmos sons usados para ambientação e para composição dos *hard-effects* com características de timbres diferentes, soando agudos e metálicos. Posteriormente, na mixagem, Armando Torres Jr. e Lou Solakofski definiram quanto de *hard-effects* e ambientes seria ouvido de forma natural e quanto seria ouvido manipulado, equilibrando o resultado sonoro final. (Opolski, 2009, p. 92-93)

É importante notar as duas visões tão distintas que incluem de certo modo o *delay* em seus processos. A citação de Frade (2014), apresentada anteriormente, tem o foco em música, mais especificamente no aprendizado do efeito do *delay* para usar no instrumento musical (guitarra). A segunda citação, de Opolski (2009), trata o *delay* como uma das ferramentas para criar efeitos em um filme.

Como estamos abordando a utilização do *delay* para compor o desenho de som de um jogo eletrônico, é necessário ter a mente o mais aberta possível. Se for preciso, em um primeiro momento, a título didático, entender o exemplo mais simples que é o uso do efeito em um instrumento, tudo bem – ele tem um propósito bem definido e podemos seguir adiante assim que o conhecimento for assimilado. Entretanto, tão logo possamos desapegar das utilizações mais simplórias das ferramentas, devemos seguir em frente, visto que os recursos disponíveis, mesmo que tenham sido herdados da produção musical, devem servir para a construção ou para a ilustração musical de cenários, cenas, ações e afins de realidades fantásticas criadas para a experiência dos jogadores. É uma tarefa muito mais interessante do que simplesmente colocar eco em uma guitarra.

Convém, então, esclarecermos alguns parâmetros dos *delays* digitais e algumas possibilidades interessantes desse recurso.

Descrição:

Geralmente gerado pelo armazenamento do sinal de áudio em um *buffer* eletrônico, por um certo período de tempo, para depois ser reenviado para a saída de áudio. O efeito mais simples é conseguido pela soma do sinal original com o sinal atrasado. *Delays* **múltiplos podem ser gerados pela reinserção repetida do sinal atrasado**. *Multitap delays* **são gerados a partir de um único e longo** *delay* que é repetido em intervalos diferentes, gerando múltiplas repetições. *Ping-pong delays* **são obtidos pelo direcionamento alternado de cada repetição para os canais esquerdo e direito da saída de áudio** [estéreo].

[...]

Parâmetros:

Delay time ou tempo de atraso: controla quanto tempo o buffer vai atrasar o som, ou seja, quanto tempo vai decorrer entre o sinal original e as repetições.

Feedback ou realimentação (em português): controla a quantidade de sinal atrasado que vai ser reinjetada na entrada do efeito. Aumentar o feedback significa aumentar o número de repetições e a o tempo de decaimento do efeito.

Filtro passa-baixa: Em ambientes acústicos reais, as frequências mais altas são atenuadas nos sons atrasados, e essa atenuação aumenta proporcionalmente ao número de repetições. Para simular esse efeito usa-se um filtro passa-baixa a cada repetição do sinal.

Tap-tempo: alguns aparelhos oferecem um botão onde se pode "clicar" em um determinado andamento para programar o tempo de delay. (Iazzeta, 2008b.)

Assim como nos compressores, com os *reverbs* e com os *delays*, para todos os processamentos de áudio, é importante fazer uso de diferentes regulagens até que se possa imaginar o efeito antes de aplicá-lo.

Figura 5.9 _ **Delay**

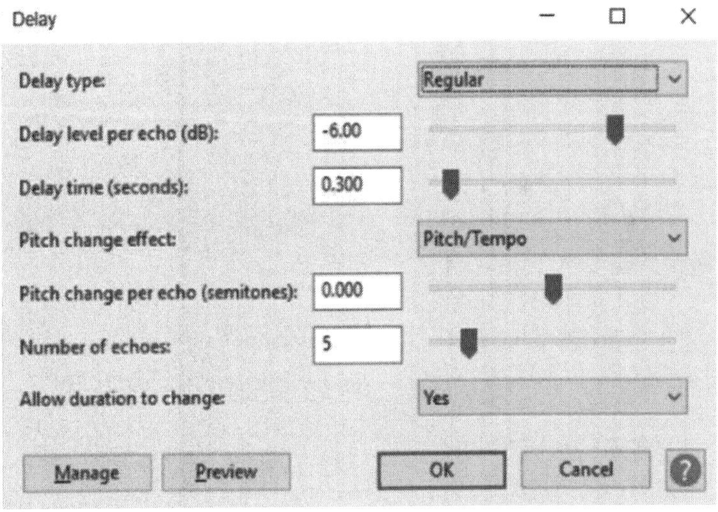

Fonte: Elaborado com base em Audacity Team, 2021.

Figura 5.10 – **Reverb**

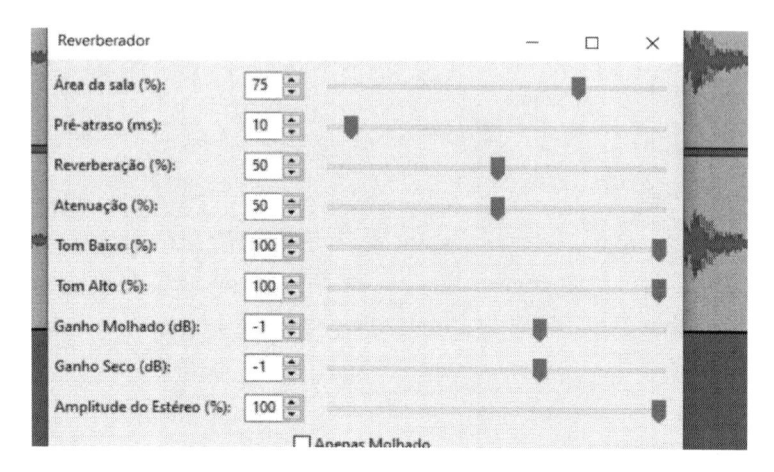

Reverberador		
Área da sala (%):	75	
Pré-atraso (ms):	10	
Reverberação (%):	50	
Atenuação (%):	50	
Tom Baixo (%):	100	
Tom Alto (%):	100	
Ganho Molhado (dB):	-1	
Ganho Seco (dB):	-1	
Amplitude do Estéreo (%):	100	

Fonte: Elaborado com base em Audacity Team, 2021.

Sempre será necessária a adaptação daquilo que foi adquirido de conhecimento em relação aos parâmetros ou às lógicas de funcionamento dos efeitos, dos recursos e das ferramentas de mixagem para as novas interfaces, as VSTs e afins. O produtor tem de ser versátil e não ficar muito preso a trabalhar apenas com um ou com outro recurso.

Segue uma lista dos 11 melhores VSTs de *delay* disponíveis no mercado até o momento, para que você, leitor, possa deixar seu *set up* ainda mais bem preparado para produzir (Von K., 2021a):

1. "Soundtoys – EchoBoy [...]
2. Fabfilter – Timeless 2 [...]
3. UAD Cooper® Time Cube MkII Delay [...]

4. Replika XT [...]
5. WAVES H-DELAY [...]
6. Audiothing Outer Space [...]
7. PSP 85 [...]
8. Ohm Force Ohmboyz [...]
9. Applied Acoustics Systems Objeq Delay [...]
10. UVI Relayer [...]
11. PSP 608 MultiDelay"

Com todas essas possiblidades, recomendamos instalar alguns VSTs e testar os processamentos para que toda a teoria sobre os *delays* e os demais efeitos possam ser assimilados com um pouco de prática. Com certeza, o tempo gasto instalando alguns dos recursos virtuais dos VSTs que foram citados ao longo deste capítulo e nos capítulos anteriores valerá muito a pena.

5.4 Canais auxiliares

Na prática da mixagem, quando são montados *reverbs* e *delays*, é muito mais comum utilizar canais auxiliares do tipo *bus* do que aplicar os efeitos em cada uma das faixas de áudio. Isso ocorre por três motivos:

1. É mais fácil fazer todos os sons ficarem com uma mesma característica quando se usa o mesmo *reverb* e o mesmo *delay* para tudo. Não se perde completamente as *nuances* para cada faixa, pois é possível controlar a quantidade de efeito que cada canal receberá.

2. É muito mais rápido o computador processar apenas 2 canais de efeitos do que 96 canais. Suponhamos que o projeto tenha 48 canais, processar o *reverb* e o *delay* de tudo isso tende a saturar o processamento do computador e impossibilitar a mixagem do projeto Não há como ignorar o fator tecnológico como um limitador de possibilidades. Apesar de o ambiente virtual possibilitar ter o mesmo que em uma realidade analógica, seria um luxo muito caro: 48 *reverbs* e 48 *delays*. Imaginemos também alguém entrar em um estúdio e exigir que fossem adquiridos 96 módulos de efeito. Isso não seria nada realista.
3. É muito mais fácil organizar a mixagem usando os canais auxiliares do que executar automações e fazer o resultado ficar bom. Mesmo que se queira ter 4 ou 5 *reverbs* diferentes, é melhor que eles sejam colocados em canais auxiliares do que colocados diretamente em cada canal.

Mantendo a estética, o bom processamento e a organização da mixagem, pode-se obter todas essas vantagens ao utilizar corretamente os canais auxiliares do DAW. Vale conferir o que diz o técnico de mixagem Fabio Mazzeu (2017):

> Na minha mix, sempre coloco efeitos através de canais auxiliares (AUX) para controlar quanto de cada instrumento eu quero enviar para cada um deles.
> Isso facilita muito na hora de usar o mesmo reverb nos tons, bumbo e caixa, por exemplo. Ou trazer os instrumentos da mix para um mesmo ambiente utilizando efeitos.

> Então, para não me perder em meio a várias tracks verde-claro, eu separo os instrumentos dos efeitos utilizando o master fader.
>
> Simplesmente coloco os instrumentos à esquerda do Master Fader e efeitos e busses à direita. [...]
>
> Tirei essa ideia de consoles analógicos (e até digitais) também, onde os VCA's (ou faders de grupo) se encontram ao centro, dividindo os canais em duas ou mais partes. Isso acontece principalmente em mesas bem grandes (36 canais ou mais). Eu não sigo a mesma ideia dos VCA's (ao centro), mas é mais uma opção para testar. (Mazzeu, 2017)

Talvez nos primeiros projetos, o estudante ou profissional iniciante não reconheça as vantagens de se manter os canais no DAW organizados, mas assim que um projeto tenha de ser reaberto para correções, a necessidade e a importância da organização dos canais fica óbvia.

5.5 Automações

Automações são movimentos de controle que podem ser salvos em uma mixagem. Eles podem ser de controle de diversos parâmetros: volume, panorama (Pan) ou qualquer parâmetro de um *plugin* associado a algum canal. As automações tornam a mixagem ainda mais dinâmica. Pode-se fazer *fades* manuais usando a opção de gravar a execução do técnico de mixagem a fim de conferir ainda mais personalidade ao processo.

É possível controlar, por exemplo, a quantidade de *reverb* que um canal está recebendo por maio de uma automação. Este recurso varia de um DAW para outro.

> Na era analógica, os engenheiros literalmente tocavam a mixagem nos faders quando eram gravados em fita em tempo real. Mas, para tornar o processo mais preciso e repetitivo, os projetistas de console de mixagem desenvolveram faders motorizados que poderiam ser programados para fazer as alterações automaticamente. (Brandão, 2018)

Hoje em dia, é muito mais fácil fazer as automações e existem interfaces para gravar as automações com *faders* e *knobs* que são extremamente simples de configurar e de utilizar.

> Em uma mix profissional, a automação é usada com frequência para complementar a compressão. Esquivando-se do fader, um dB ou dois em um momento crítico, é muito mais transparente e musical do que diminuir o limiar do compressor para toda a faixa apenas para capturar um pico errante.
>
> É por isso que é tão comum que os engenheiros automatizem meticulosamente todas as sílabas em um vocal pop para obter o impacto máximo de cada palavra – funciona. (Brandão, 2018)

Aplicando-se à realidade do produtor de sons para jogos, a automação permite um áudio ser manipulado ao ponto de se tornar uma nova expressão sonora. Um simples *loop* pode se tornar um som cheio de *nuances* se forem feitas automações de volume, *delays*, *reverbs* e parâmetros de equalização. As possibilidades são literalmente infinitas.

No DAW, há diferentes tipos de automação:

- **Auto Off**: Ignora toda a automação.
- **Auto Read**: O modo padrão para reproduzir dados de automação. Nenhuma automação será gravada a partir do fader, mas a faixa seguirá o que já foi escrito.
- **Auto Touch**: As alterações nos dados de automação não serão registradas até que o fader seja movido. Quando você parar de mover o fader, a faixa voltará a seguir.
- **Auto Latch**: Similar ao Auto Touch, embora neste caso, quando você para de mover, a automação do fader continuará gravando na sua última posição e sobrescritos os dados anteriores.
- **Auto Write**: Todas as alterações na posição do fader serão gravadas e os dados de automação anteriores serão sobrescritos. Este modo, é normalmente usado para criar sua primeira passagem de automação. Não se esqueça de alterar um dos outros modos depois de ter escrito em automação com este modo. Caso contrário, sempre que você pressionar play no transport, os dados serão sobrescritos! (Brandão, 2018, grifo do original)

Portanto, deve-se utilizar automações para aumentar a expressividade dos sons. Toda vez que algum dos áudios tiver um timbre agradável, por exemplo, uma explosão com um som grave, mas que não passe a ideia de movimento, pode-se experimentar ligar um *delay* e fazer uma automação de uma dobra desse canal, de modo que o *delay* seja aumentado, adicionando-se um movimento ao corpo do som.

5.6 Espacialização

Um dos parâmetros mais importantes da mixagem é a espacialização dos sons. É esse recurso que torna possível colocar cada fonte sonora em um lugar no espectro de estéreo ou no *spectro* de *surround*. Ainda são mais comuns as mixagens em *stereo*, mas a maioria dos DAWs já contam com a opção de mixagem em 5.1. Contudo, vamos nos ater ao estéreo, mas existindo a possibilidade de pegar um desenho de som em *surround,* é uma ótima experiência para aumentar os horizontes.

Dentro de qualquer DAW em cada canal existe um parâmetro *Pan*, que varia entre *Left* (esquerda) e *Right* (direita). Normalmente os valores vão de –64 até +63 (128 pontos diferentes), uma herança binária do MIDI.

As técnicas de mixagem para música mais uma vez deixaram um tesouro de conhecimento para enfrentar este novo processo ou etapa que é montar um plano sonoro com as diferentes fontes.

É bem capaz também de, em vez de fazer um plano sonoro dentro do DAW, ser necessário estudar com o desenvolvedor do jogo a possibilidade de os sons serem programados para terem o parâmetro de Pan alterado, dependendo da posição do jogador em relação à posição da fonte sonora. Isso torna a mixagem muito mais interativa.

Na música é preciso criar um panorama dos sons, ao passo que no cinema o panorama é ainda mais vivo, pois há muito mais movimento. No mundo dos jogos, o panorama dos sons deve ser pensado de forma interativa, não há de existir um modelo que não seja melhorado pela mudança variável dependendo das ações ou de outras características do jogador.

5.7 Considerações gerais sobre a mixagem para jogos eletrônicos

Como a mixagem de música é uma arte complexa, cheia de critérios e requisitos, é um trabalho árduo transpor seu conhecimento, tanto de música quanto de cinema, para a aplicação à realidade do designer de sons para *games*.

É necessário que o produtor musical, o músico ou o técnico de mixagem, seja lá qual for a condição desse profissional, mesmo que não tenha formação ou a esteja buscando, saia de sua zona de conforto, esteja onde estiver, e observe não só com os olhos, mas principalmente com os ouvidos os jogos que estão no mercado.

Não é possível saber do que os outros vão gostar; pode-se até sondar e gastar tempo à toa tentando, mas não é possível. Nem mesmo é o caminho adequado. O caminho correto para o desenho de som é descobrir aquilo que realmente lhe agrada, ter a perseverança e a resiliência de se desenvolver e aprender a utilizar as ferramentas necessárias para se tornar melhor um dia após o outro.

Dessa forma, não se deve tomar para si aquilo que possa desmotivá-lo durante o estudo teórico, mas buscar viver e colocar em prática todo o conhecimento que achar mais pertinente. A mixagem dá muito trabalho e até que o profissional seja realmente bom, muitas pessoas que escutarem seus ensaios podem subestimá-los. Por isso, aconselhamos a nunca mostrar algo para os outros contando com a aprovação deles, para que isso sirva de motivação a continuar fazendo. Se um resultado não sair a contento, deve-se deixar de mostrá-lo e trabalhar até ficar satisfeito – caso contrário, joga-se o projeto fora e começa-se tudo de novo, até ter um resultado que inspire orgulho em apresentar para o mundo.

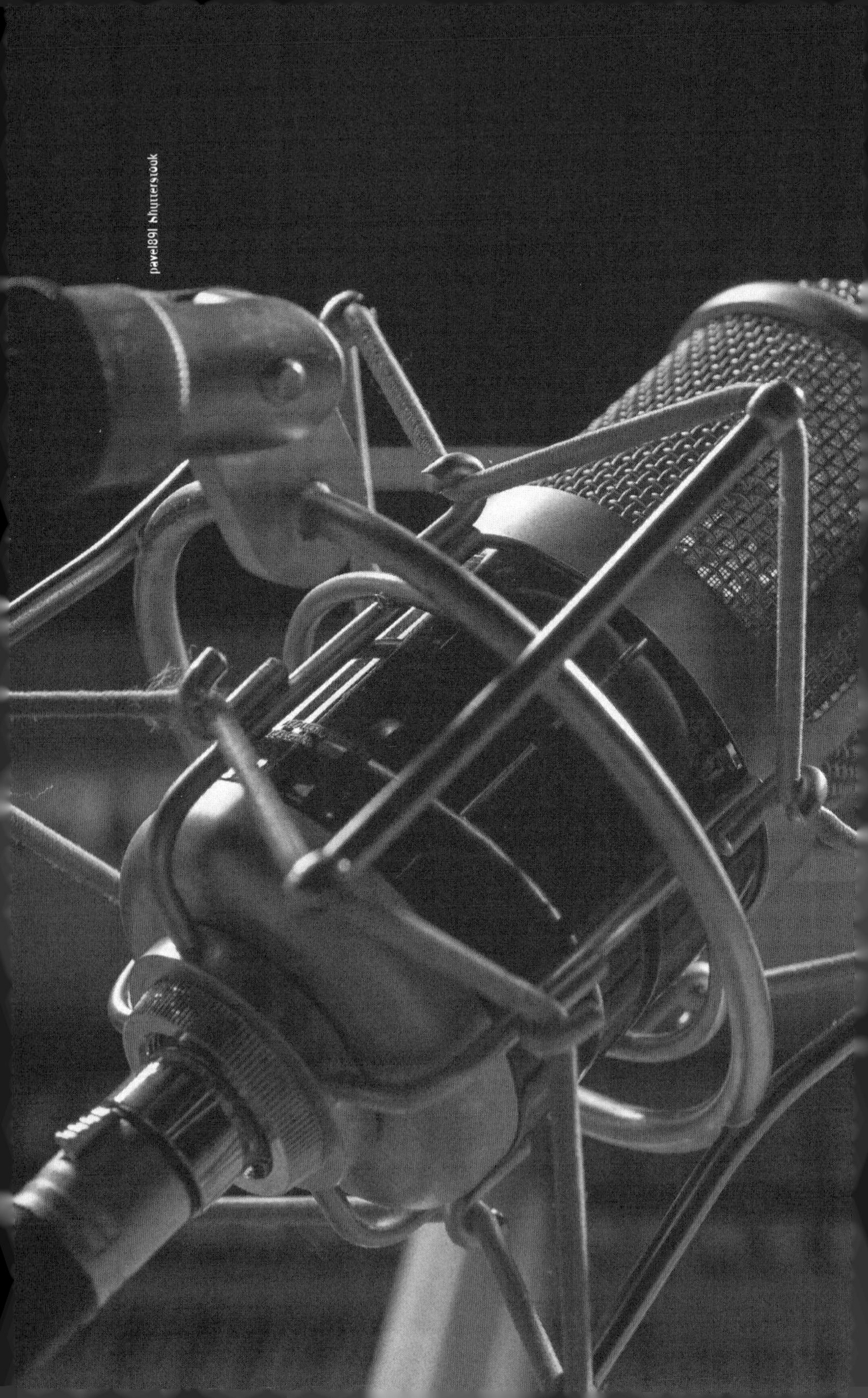
pavel891 Shutterstock

CAPÍTULO 6

PRODUÇÃO SONORA: PARTE IV

Estamos no último capítulo do livro e conseguimos abordar quase todas as etapas do processo de uma produção fonográfica. Com relação ao conhecimento dos processos e dos detalhes necessários para uma produção fonográfica voltada para a música, comentaremos agora a masterização.

6.1 Masterização

São tantas camadas de arte para a entrega de um projeto que a última não poderia ser uma simples formatação. A masterização é uma arte bastante conhecida e respeitada na produção musical. É preciso ter sagacidade e fazer com que essa etapa do processo também seja elevada a um degrau superior pelo aprimoramento do produto final, não só para contratar mais alguém ou aumentar o prazo mais algumas semanas.

> A última fase do processo é a **masterização**, também chamada de **pós-produção**. É uma das etapas mais técnicas da produção em estúdio, e consiste na preparação das matrizes que serão enviadas à fábrica. A masterização deve levar em consideração a mídia final na qual a gravação será comercializada – disco de vinil, fita magnética, fita digital, CD, DVD -, pois cada uma delas possui características específicas.
>
> Na masterização é definida a ordem das músicas, os **fade in** e **fade out** e o intervalo entre as faixas. São utilizados os mesmos recursos da mixagem, só que, agora, ao invés de se trabalhar sobre as trilhas consideradas individualmente, trabalha-se sobre a gravação como um todo. Assim, busca-se uma homogeneidade de timbre, volume e sonoridade para todas as faixas.

A masterização é também um processo de finalização artística do trabalho realizado nas fases anteriores, e pode alterar radicalmente o resultado final. Por isso deve ser acompanhada pelos responsáveis pelo projeto. Ao final, tem-se a matriz, que será enviada para a fábrica para que seja reproduzida em série. (Macedo, 2007, p. 4, grifos do original)

Podemos entender a ideia de Macedo (2019) e adaptar para a realidade da produção de jogos. No caso do produtor de sons para jogos, ele precisa entender a masterização para exportar os arquivos no formato necessário. O desenvolvedor dirá quais são a resolução e a amostragem necessárias e se existe um formato de arquivo padrão para o jogo.

6.1.1 Taxa de amostragem de áudio

A taxa de amostragem é a quantidade de pontos em um segundo que a gravação do áudio digital terá. A junção dos pontos desenha a onda que foi capturada do áudio original com o intuito de reproduzi-lo. Quanto mais pontos houver, mais qualidade a reprodução terá.

A conversão do sinal analógico para o digital é realizada por uma sequência de amostras da variação de voltagem do sinal original. Cada amostra é arredondada para o número mais próximo da escala usada e depois convertida em um número digital binário (formado por "uns" e "zeros") para ser armazenado (Iazzetta, 2008a).

Em outras palavras, quando o áudio está na natureza, ele é uma onda livre que, para ser captada digitalmente, precisa ser adequada a uma espécie de régua digital. A onda que antes era "redonda" passa a ser "serrilhada" por ter sido adequada, ponto a ponto, a um número dentro de uma escala numérica digital.

Gráfico 6.1 _ **Onda sonora digitalizada**

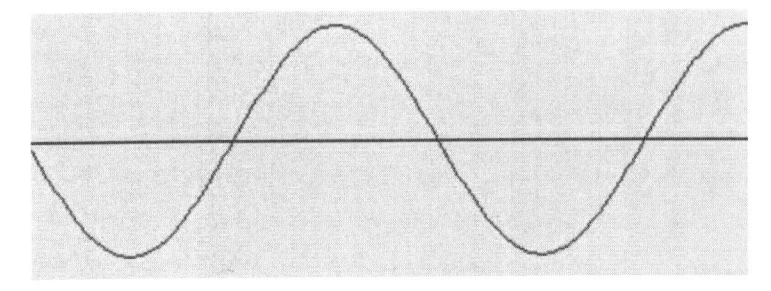

Fonte: Elaborado com base em Audacity Team, 2021.

No Gráfico 6.1, vemos uma onda sonora digitalizada utilizando 44 100 pontos por segundo. Mesmo com tantos pontos, podemos observar o serrilhado; entretanto, para nossos ouvidos, nessa taxa de amostragem, a perda de qualidade é imperceptível.

O tamanho dessa escala – ou seja, a quantidade de pontos por segundo que digitalizará a onda sonora – é conhecida como *taxa de amostragem*. Para Iazzetta (2008a, grifo do original):

> As amostras são medidas em intervalos fixos. Os números de vezes em que se realiza a amostragem em uma unidade de tempo é a **taxa de amostragem**, geralmente medida em Hertz. Assim, dizer que a taxa de amostragem de áudio em um CD é de 44.100 Hz, significa que a cada segundo de som são tomadas 44.100 medidas da variação de voltagem do sinal. Dessa maneira, quanto maior for a taxa de amostragem, mais precisa é a representação do sinal, porém é necessário que se realize mais medições e que se utilize mais espaço para armazenar esses valores.

Portanto, quanto maior for a taxa de amostragem, maior será a qualidade do áudio, pois ocorrerá menor perda de sinal. Os harmônicos de um instrumento musical, por exemplo, podem ser "abafados" no caso de uma exportação do áudio com baixa taxa de amostragem. Em casos mais genéricos e por princípios básicos dos sons, quando um áudio tiver frequências muito agudas, a digitalização pode distorcê-lo. Os harmônicos são múltiplos de frequências fundamentais mais graves – frequências baixas – que não sofrem tanta distorção por precisarem de menos pontos de digitalização para simular uma onda analógica.

A taxa de amostragem conferia aos consoles antigos, anteriores ao PlayStation, um som que podia ser interpretado como de baixa qualidade. De acordo com Iazzetta (2008a), "Assim, como ouvimos numa faixa que vai aproximadamente de 20 a 20kHz, uma taxa de amostragem deveria ser de pelo menos 40kHz para que todas as frequências audíveis pudessem ser registradas". Um console como o Super Nintendo, que, por sua vez, tinha uma taxa de amostragem de 32000 Hz, não conseguiria reproduzir todas as frequências que o ouvido humano consegue escutar.

Com a evolução tecnológica e as mídias disponíveis hoje, é muito difícil esbarrar nesse tipo de problema. É mais fácil utilizar uma restrição proposital com intuito estético – algo *retrô* ou *low fi* – para se ter mais personalidade, e não por causa de uma limitação tecnológica.

6.1.2 Resolução

A resolução refere-se à qualidade de profundidade do áudio. Ela também é definida conforme a maior qualidade que o áudio reproduzido apresenta.

> Refere-se ao número de bits usados para representar cada amostra. Uma amostra representada por apenas um bit poderia receber apenas dois valores: "0" ou "1". Já uma representação com 3 bits poderia receber oito valores diferentes (23 = 8): 000, 001, 010, 100, 110, 101, 011, 111. Um CD tem uma resolução de 16 bits o que permite uma resolução binária com 65.534 (216) valores. [...]
> Com o aumento da taxa de amostragem e da resolução, a onda representada se aproxima cada vez mais da forma de onda do sinal original.
>
> **Faixa de Extensão Dinâmica**
>
> Cada bit acrescentado na resolução dobra o número de passos (ou valores) usados para representar a variação de amplitude da onda e com isso adiciona 6dB na escala de dinâmica que pode ser representada. Resoluções mais altas oferecem também maior relação sinal ruído. (Iazzetta, 2008a, grifo do original)

A amostragem trata do eixo horizontal, ou seja, o número de pontos que a onda digital tem por segundo e a frequência de digitalização, ao passo que a resolução trata de quantos pontos a digitalização tem no eixo vertical, ou seja, quantos pontos de dinâmica a onda tem para ser representada.

Assim, quanto mais bits houver, maiores serão a qualidade e a capacidade de registrar dinâmicas (fortes ou fracas em diferentes níveis) do arquivo digital. Um *compact disc* (CD) tem 16 bits e um *digital video disc* (DVD), por sua vez, tem 24 bits. Essas são as duas resoluções mais comuns para arquivos de áudio serem exportadas hoje em dia.

6.1.3 Considerações sobre a resolução e a amostragem em relação ao projeto

Apesar de estarmos abordando esses tópicos, na etapa final da produção – na qual são exportados os arquivos –, é muito importante, ao se iniciar um novo projeto, ter atenção com esses dois pontos. O Digital Audio Workstation (DAW) traz a opção de se trabalhar em 16 ou em 24 bits com taxas de amostragens diversas: 44100 Hz, 48000 Hz, 88200 Hz, 96000 Hz, 176400 Hz ou 192000 Hz (esse é um padrão comum de amostragens).

Se a captação do áudio for toda feita em 44100 Hz, a qualidade do áudio final não será aumentada exportando-o a 192000 Hz, por exemplo.

É interessante alinhar essa informação já no começo do projeto e trabalhar com a mesma amostragem necessária na entrega do trabalho. Caso a amostragem utilizada seja muito alta e não haja a necessidade de ser preparada exatamente como será exportada, o indicado é trabalhar pelo menos com alguma taxa de amostragem que seja um múltiplo – 44100 Hz, 88200 Hz e 176400 Hz são múltiplos entre si, assim como 48000 Hz, 96000 Hz e 192000 Hz.

6.1.4 **Formatos de áudio**

O áudio pode, nessa etapa, ser digitalizado. Existem vários formatos de arquivos diferentes para que o áudio seja registrado, como o MP3, o WAV e o AIFF, entre outros. Cada um deles tem características bem-definidas em relação ao algoritmo de compressão e ao método de armazenamento da informação. Verifique no excerto a seguir, por exemplo, como funcionam ou como estão configuradas as características de áudio de um CD:

> O formato padrão dos CDs de áudio (*Compact Disc Digital Audio*) é conhecido como *Red Book*. Este padrão não é gratuito e tem de ser licenciado pela sua detentora Phillips ou através da IEC (*International Electrotechnical Commission*). Este padrão dita alguns requisitos quanto à qualidade do áudio, são eles:
> - 2 canais.
> - Método de modulação Linear PCM (LPCM), que é o método PCM que já descrevemos, mas com os níveis de quantização linearmente uniformes;
> - Taxa de amostragem de 44,1 kHz, assim atendendo com folga o Teorema de Nyquist para garantir a reconstrução do sinal sem perda de informação.
> - Profundidade de bit de 16-bits, totalizando 65.536 níveis de amplitude que cada amostra pode assumir. (Tanaka; Barbosa; Kimura, 2017, p. 63-64)

E para esclarecer sobre os formatos digitais utilizados em arquivos de áudio, vale detalharmos, inicialmente, o formato WAV:

> O formato WAV é um dos formatos mais conhecidos de áudio digital, foi desenvolvido pela Microsoft e pela IBM. O formato de arquivo *.wav pode ser usado para várias aplicações, e em áudio pode conter áudio comprimido, porém é mais

comum conter áudio não comprimido PCM. E essa é a sua similaridade com os CDs de áudio, que utilizam o Red Book Audio que já [foi] apresentado.
Portanto um leitor normal de CDs não irá tocar um CD que contém arquivos WAV. (Tanaka; Barbosa; Kimura, 2017, p. 64)

É muito comum trabalhar com o projeto no DAW configurado para arquivos WAV em diferentes formatos.

Quanto ao formato MP3, era do interesse da Moving Picture Expert Group (MPEG) que todas as contribuições de empresas interessadas fossem agregadas a fim de ter o melhor algoritmo de compressão do mercado. A MPEG obviamente tinha ciência da mudança cultural que o resultado desse projeto traria para o mercado do áudio.

O codec ASPEC (*Adaptive Spectral Perceptual Entropy Coding*) nasceu de melhorias no algoritmo OCF [*optimum coding in the frequency domain*] realizados pelo Fraunhofer IIS em adição às contribuições da University of Hanover, AT&T and Thomson. Depois de incontáveis testes a MPEG propôs de combinar o ASPEC e o MUSICAM e estabelecer uma família de três técnicas de codificação: a *Layer* 1 seria uma variante de pouca complexidade do MUSICAM, a *Layer* 2 seria um codificador MUSICAM e a *Layer* 3, que mais tarde seria chamada de MP3 (MPEG-1 *Layer* 3), seria baseada no ASPEC. O desenvolvimento técnico do padrão MPEG-1 foi completado em dezembro de 1991. MPEG-1 *Layer* 3 foi padronizado para maiores taxas de amostragem de 32 kHz, 44,1 kHz e 48 kHz em MPEG-1 em 1992.

Em 1995 o nome "MP3" foi cunhado. Em uma enquete interna os pesquisadores da Fraunhofer votam por unanimidade para .mp3 como a extensão de arquivo para o MPEG-1 *Layer* 3. No mesmo ano, a Fraunhofer fornece o primeiro codec *Layer* 3, baseado em PC como *shareware*. (Tanaka; Barbosa; Kimura, 2017, p. 66)

A partir do momento em que se pôde ter qualidade de CD em tamanho de arquivo bem baixo, passou a ser possível desenvolver os áudios de um jogo com muitos detalhes; contudo este deve ser extremamente leve, a ponto de rodar em uma página da internet.

Conforme a tecnologia foi avançando, garantir maior qualidade tornou-se acessível a qualquer desenvolvedor; os canais de distribuição foram facilitados e a maneira de criar jogos se tornou viável para pequenas empresas e desenvolvedores individuais. Todas essas evoluções do mercado fomentaram um novo nicho de mercado: os jogos *indie* ou jogos independentes, que podem ser desenvolvidos sem a necessidade de grandes investimentos, podendo ser distribuídos por *sites* na internet diretamente aos clientes finais e tendo um marketing próprio. Muitos desses jogos independentes são baseados em aplicativos que podem rodar no navegador da internet, facilitando muito sua distribuição e sua popularização.

O tamanho do áudio varia conforme o formato de arquivo; por isso, é interessante alinhar as escolhas com os desenvolvedores para saber se existe algum tipo de limite de tamanho.

O *Advanced Audio Coding* (AAC) é um padrão de codificação de áudio proprietário para compressão de áudio digital com perdas. Projetado para ser o sucessor do formato MP3, o AAC geralmente consegue uma melhor qualidade de som que o MP3 na mesma taxa de bits.

AAC segue a mesma base de codificação do MP3 [...], mas apresenta melhoras em comparação ao MP3 em vários detalhes e usa novas ferramentas de codificação para melhorar a qualidade em baixas taxas de *bits*.

(Tanaka; Barbosa; Kimura, 2017, p. 70-72)

É interessante atualizar o DAW para que se tenha uma masterização em AAC, pois, se a qualidade é superior ao MP3 e ocupa o mesmo tamanho, pode ser uma escolha para o projeto.

Devemos ressaltar que os formatos de áudio mais populares e até mesmo aceitáveis para os sistemas operacionais ou plataformas mais comuns podem mudar. Portanto, não é recomendável se apegar a algum formato específico. O projeto pode ser remasterizado e o profissional pode manter as escolhas estéticas realizadas durante a construção dos sons, a captação, a edição e a mixagem sem alterar o valor, mesmo mudando o formato de saída caso o jogo precise ser executado em algum outro sistema.

Tudo pode mudar. Por isso, deve-se tentar sempre aprender os conhecimentos que funcionariam no passado e que provavelmente funcionarão no futuro, mesmo que a tecnologia se modifique. Se o profissional aprender a ilustrar os sons para contar uma história em volta do fogo, provavelmente saberá fazer o mesmo com um microfone na mão dentro de um estúdio e poderá usar várias camadas diferentes para ilustrar sonoramente a história, com sons que poderão ser disparados dependendo de inúmeras variáveis. Basicamente é isto que será realizado, mesmo que a tecnologia continue a evoluir ou a tendência dos jogos *retrôs* obrigue a contar o jogo usando um sintetizador.

Para complementar este estudo, vejamos o formato OGG:

> Ogg Vorbis é um formato de áudio comprimido de uso geral aberto, não proprietário, livre de patente e livre de royalties para áudio e música de média a alta qualidade (8kHz-48.0kHz, 16+ bit, polifônico) em taxas de *bits* fixas e variáveis de 16 a 128 kbps / canal. Isso coloca a Vorbis na mesma classe competitiva que as

representações de áudio, como o AAC, e um desempenho similar, mas superior ao MP3. [...]

As especificações do Ogg e do Vorbis são de domínio público, dessa forma não existe cobrança monetária por conta da distribuição ou venda de conteúdo em Vorbis. (Tanaka; Barbosa; Kimura, 2017, p. 72).

Existem várias alternativas para a formatação final dos áudios de um projeto. Algumas delas dependem de pagamento de taxas pelo uso do algoritmo de compressão, mas é possível ter a mesma qualidade em formatos que são livres de direitos autorais e facilitarão a distribuição do produto final evitando encargos ou pagamentos de direitos para terceiros.

6.1.5 Escolhas estéticas da masterização

Há uma ampla gama de parâmetros técnicos dos arquivos que serão o final da produção. Contudo, a masterização ainda compreende o processamento do áudio e afeta diretamente o material.

No caso de uma produção musical, a masterização é uma etapa tão importante quanto a mixagem, tendo um peso estético importantíssimo. É preciso um estudo específico para ser um técnico de masterização.

É possível transpor esse conhecimento e adaptar a prática para atingir maior sofisticação no resultado final, pensando em produzir os sons para jogos.

O conceito de masterização pode ser considerado essencialmente sob o objetivo maior da reprodução do áudio nos meios de comunicação. Isto incide na questão da identidade do trabalho a ser divulgado nas mídias, que caracteriza a imagem

> do artista e do produtor, assim como das gravadoras – responsáveis em última instância pela veiculação do áudio segundo critérios sonoros próprios. Assim, todos procedimentos relativos ao processo de masterização, como foi apresentado, devem ser realizados tendo-se em vista a relação artista, produtor, gravadoras e profissionais de estúdios de áudio.
>
> Atualmente os recursos dos equipamentos digitais das salas de masterização disponibilizam um amplo panorama de possibilidades no tratamento do material sonoro para artistas, produtores e operadores de áudio. (...) avançados programas digitais de edição das *workstations*, permitem a criação de conceitos complexos e sofisticados relativos ao material sonoro, que envolvem a questão da identidade do áudio a ser desenvolvido – a identidade que caracterizará artistas e produtores, também relativa aos objetivos comerciais das gravadoras sobre o produto nas mídias. (Décourt, 2003, p. 12)

No caso dos jogos, é preciso entender o público que consome jogos similares e assegurar que a finalização do projeto de áudio tenha as mesmas características estéticas. Conforme indicamos anteriormente, a masterização não se restringe a colocar o projeto de áudio em uma formatação correta, mas envolve adequar o material esteticamente. O som do jogo precisa ser equivalente em alguns parâmetros de volume, compressão e equalização para que se sobressaia.

6.2 Elo com os desenvolvedores

Para aplicar o que se produz na música e no cinema aos jogos é preciso acertar algumas arestas e fazer algumas conexões. É importante que o desenho de som, então, crie elos com os desenvolvedores.

6.2.1 *Middlewares*

Os programadores podem ajudar o designer de som a realizar o árduo trabalho de criar e integrar os sons ao jogo e fazê-lo funcionar sonoramente. Para programar as mudanças dentro do jogo e manipular alguns parâmetros do som fora do DAW, será necessário utilizar algum *middleware*.

> Hoje temos algumas Middlewares de áudio que fornecem diversas ferramentas para otimizar o processo de implementação do som dentro da engine via script, sem a necessidade da criação de sistemas complexos, pois eles já estão dentro da arquitetura do pacote fornecido pela Middleware que será integrada. (Lemos, 2017. Kaue Lemos – iMasters.com.br)

O FMOD Studio é um exemplo de *middleware* que, sendo utilizado por muitos desenvolvedores, facilita muito a solução para eventuais dúvidas por parte do estudante da área ou da pessoa que ingressa na profissão. Existem muitos fóruns na internet, em inglês e em português, em que uma infinidade de problemas são debatidos encontrando-se muitas sugestões e dicas úteis. Lemos (2017. Kaue Lemos – iMasters.com.br) complementa a exposição do FMOD dando um exemplo prático:

> Imagine que temos um jogo com um personagem principal, que vai pisar em diversos terrenos diferentes, e cada terreno vai ter seu próprio som de footstep: areia, madeira, grama, pedra etc.
> No FMOD Authoring Tool, o Sound Designer vai criar um evento de áudio apenas com um parâmetro chamado "terrain", e cada valor desse parâmetro vai ser responsável pelo trigger dos sons de seu respectivo terreno. Imagine que cada

terreno tenha diversos samples para o footstep. O FMOD será responsável por randomizar esses samples, além de poder randomizar o pitch, volume, entre outros aspectos que estão nativamente disponíveis na Middleware, e o programador precisará apenas dar play no evento de áudio no momento certo e "mostrar" para o FMOD qual o valor do parâmetro "terrain", ou qual é o terreno em que o personagem está pisando. Todas as "randomizações", volume e quaisquer parâmetros nativos estarão sob o controle do Sound Designer.

É importante ressaltar que o uso do *authoring tool* pode levar o profissional a pensar o desenvolvimento do som do jogo de uma maneira totalmente diferente. É nessa etapa do processo que o desenho de som para jogos difere por completo da produção musical ou daquele para filmes. Deve-se gastar um tempo explorando o FMOD e atentar para as vantagens da utilização dos *middlewares*:

1 – Otimização do processo de implementação: para mim, uma das vantagens mais importantes. Utilizando a Middleware, economizamos tempo de programação, além de termos um script muito mais otimizado.

2 – Todos os controles de áudio e mecânicas de áudio, são de fácil acesso e userfriendly para o Sound Designer. Isso é muito importante e reflete na qualidade final do áudio, pois o Sound Designer terá maior controle sobre volumes, randomizações, reverb e quaisquer modulações de áudio de maneira muito mais intuitiva e sem a necessidade de re-script.

3 – As Middlewares, em geral, especialmente o FMOD Studio, fornecem ferramentas essenciais para o desenvolvimento de áudio [...]

(Lemos, 2017. Kaue Lemos – iMasters.com.br)

No *middleware*, o produtor pode modelar os sons como se estivesse dentro de um DAW, porém conseguindo alterar parâmetros e efeitos dependendo de alguma dinâmica do jogo. Dominar o *middleware* é tão importante para o desenho de som para jogos quanto o é dominar o DAW para um produtor musical.

É necessário entender do que os desenvolvedores de jogos precisam. Uma vez aprendido a colocar os sons e as variáveis para controlar os diferentes áudios ou mudar seus parâmetros, até mesmo o jeito de produzir os sons muda.

É importante adquirir, ao menos, os rudimentos da programação a fim de desenvolver cada vez mais sons que se integrem aos jogos. A dinâmica das mudanças tende a ser cada vez mais interessante à medida que se coloca esse conhecimento em prática.

6.3 O processo de desenvolvimento de um jogo

É importante o designer de som ter ciência não somente do que é de sua alçada, mas também do desenvolvimento do jogo de forma panorâmica, mesmo porque uma visão geral indica onde atuar e com quem conversar para realizar seu trabalho. Segundo Batista e Lima (2009, p. 2), "Para se desenvolver um jogo eletrônico, é necessário realizar as seguintes etapas: confecção do Design *Bible*, produção de áudio, produção de imagens 2D (duas dimensões), modelagem 3D (três dimensões) e a escolha do *engine* que será utilizado ou o desenvolvimento do mesmo".

6.4 A importância do áudio nos jogos: dicas e opiniões de um profissional do mercado

Agora, entendendo que, assim como para a produção sonora, existe todo um fluxograma de processos e etapas para a realização de um jogo, é possível compreender as necessidades do produto.

O jogo é o produto de todos esses processos, e o jogador é quem define se o jogo é bom ou não, isto é, fornece recursos para que a indústria continue funcionando. O objetivo, além de aprender a desenvolver sons para os jogos e se divertir com essa atividade, é realizar um bom trabalho e se manter no mercado. É interessante também entender a importância que os sons têm no jogo a fim de valorizar esse trabalho.

A seguir, apresentamos algumas estratégias importantes para edição de áudio complementadas por apontamentos do profissional de áudio Thiago Adamo – produtor musical que trabalha no mercado de *games* desde 2008. Em 2015, ele ministrou uma palestra tratando do assunto *desenvolvimento de sons para jogos* na *Campus Party*, em São Paulo.

A **imersão** deve ajudar o jogador a se concentrar, sentindo-se dentro do jogo, e os sons têm essa capacidade. Quando alguém procura se concentrar para realizar alguma tarefa, como ler ou escrever, pode conseguir isso simplesmente ouvindo uma música que o desconecte do seu redor. Nesse sentido, o áudio deve mudar "de acordo com cada ação do personagem. [...] o áudio trabalha para ajudar na imersão e na sensação de controle no jogo" (Thiago Adamo, citado por Dias, 2019).

Como informamos nos capítulos anteriores, com o áudio é possível incrementar a **narrativa** do jogo, ou seja, ajudar a contar a história. E isso é feito não somente com a inclusão de falas, mas também com a composição de sons que descrevem sonoramente uma cena e revelam as *nuances* psicológicas durante o jogo; um exemplo é quando existe uma programação para indicar para o jogador que algo está mudando, como quando, em um jogo de tiros, a munição acaba. Segundo Thiago Adamo (citado por Dias, 2019), "A música é essencial para contextualização do jogo em sua época".

A trilha sonora ajuda a movimentar as fases – quando uma delas é mais tranquila, quando uma delas começa a ficar mais complicada e quando há "fases de chefão", em que a trilha sonora precisa ser muito tensa. A narração da história e o clima que é dado podem ser mudados radicalmente com os sons.

Dessa forma, a música do jogo é a parte do áudio que mais dá característica ao *game*, isto é, marca sua **identidade**. "Muitas vezes a arte do jogo é comum (ordinária), mas o áudio assume o papel de liderança ao dar identidade ao jogo. Em muitos casos é a trilha sonora que torna um jogo único" (Thiago Adamo, citado por Dias, 2019). As outras partes são fundamentais, importantíssimas, mas a música é crucial. Quando se pretende construir um clima de tristeza, é só compor uma música lenta em tom menor; quando se deseja dar um caráter alegre, por sua vez, basta compor uma música rápida em tom maior. Além disso, "Existem vários elementos de áudio quando você interage com os elementos do cenário" (Thiago Adamo, citado por Dias, 2019).

Nesse sentido, vale destacar o estudo de Melo (2011, grifo nosso):

> A **Teoria dos Afetos**, no Período Barroco, foi possivelmente uma evolução da Música Reservata. Os dois períodos desenvolveram o mesmo princípio, mas, a diferença fundamental entre eles está no método de aplicação, pois na Renascença "a harmonia é mestre da palavra" e no Barroco "a palavra é mestre da harmonia" como nos diz Monteverdi. O Barroco possuía afetos extremos saindo de uma violenta dor para um trabalho exuberante. É fácil perceber que a representação dos afetos evidencia um vocabulário mais rico do que aquele que era feito na música reservata.
>
> Sabe-se que a teoria ou doutrina dos afetos deu-se no período Barroco, por volta do século XVII, baseada em uma antiga analogia entre música e retórica (disciplina que tem por objetivo estudar a produção e análise do discurso). A inovação do recitativo deu aos teóricos uma ampla ocasião para observar o paralelismo entre a música e o discurso (BUKOFZER, 1947, p. 388). Os músicos do Período Barroco buscavam novas tendências de expressão musical e, sobretudo nesse período apareceu uma de suas principais características, a busca por uma forma de linguagem musical que servisse ao texto de maneira que os sons pudessem exprimir de fato os sentimentos, como amor, ódio, felicidade etc.

Claro que o compositor pode utilizar todas as opções de composição musical que foram criadas até os dias de hoje, não se limitando a usar as técnicas de composição da Renascença.

Pensar a música e os sons já imaginando que eles serão alterados dependendo das dinâmicas do jogo é o que faz a trilha sonora ser realmente eficiente. Essa é a função principal do desenhista de som (*sound* designer):

> Ele trabalha com efeitos sonoros, sons de ambientes, faz todo o desenho da paisagem sonora que vai rolar no jogo.

> Também é o sound designer que faz todo o trabalho de criação de efeitos sonoros (Por exemplo: som de explosões com bexigas, uso de baldes e coisas do dia a dia para criar os sons de um jogo). (Thiago Adamo, citado por Dias, 2019)

Já o compositor musical é o profissional que se dedica a escrever as músicas. Contudo, no mercado de trabalho, muitas vezes alguém fica responsável por tudo no desenvolvimento de um jogo. Por isso é que anteriormente optamos por uma segmentação do processo de produção de sons para os jogos em que a música ganhou um capítulo exclusivo para ela.

O desenvolvimento dos outros sons poderia ser realizado por outro profissional. Contudo, ainda que sejam criados pelo mesmo responsável, há melhores resultados quando os processos são colocados em etapas diferentes. Normalmente, a música vem primeiro e os sons e os efeitos, depois.

> Você está sempre no final, enquanto todos os outros na produção estão preparando o conteúdo do jogo, eu geralmente estou apenas compondo música e me divertindo. Mas quando todos terminam com a parte deles, é quando eu começo a trabalhar. Normalmente, o conteúdo do jogo é passado para mim antes de um prazo e, em seguida, é apenas em aceleração máxima para frente e trabalhando até tarde. Mas para ser honesto, amo fazer isso. (Rumle, 2018)

Seguindo as dicas do profissional Thiago Adamo (citado por Dias, 2019), alguns apontamentos sobre o mercado de trabalho podem ser muito pertinentes aos estudantes de desenvolvimento de sons para jogos: "Você quer trabalhar com áudio para *games*? O caminho mais rápido é estudando *sound* design. É muito difícil conseguir a carreira de compositor em um grande jogo".

No Capítulo 2, tratamos da composição musical, e comentamos sobre a dificuldade de se tornar compositor. É necessário investir muito tempo e muita dedicação para desenvolver todas as habilidades necessárias para isso. Claro que é muito gratificante saber compor uma música, mas, se a necessidade de um profissional é ter música em um jogo e ele não souber compor, não deve se desesperar: basta contratar um músico que já seja compositor e se inscrever em aulas de composição – talvez em um ano (ou pouco mais) ele já possa ter aprendido o suficiente para realizar seu sonho de compor música para seus jogos.

Outro tópico que abordamos anteriormente refere-se aos equipamentos ou às ferramentas necessárias para a realização do processo. É interessante conhecer a opinião de um profissional da área sobre as ferramentas que ele indica. Sobre isso, Thiago Adamo (citado por Dias, 2019) recomenda:

> Se você não sabe se gosta de música, não invista caro em equipamentos. Se você ainda está aprendendo, ainda não tem certeza se vai curtir, espere. Comece com algo bem simples. Um computador decente e um bom fone de ouvido fazem o trabalho. Comece a aprender música antes de aprender *software*. É preciso estudar teoria musical para saber o básico. Antes de investir em *software*, invista em conhecimento.

É importante para o designer de som já ter instalado algum DAW em seu computador e ter um *setup* de *plugins*. Caso queira reconsiderar, ele pode instalar outro e passar pelas experiências pelas quais já passou, só que dessa vez usando outro DAW. É sempre proveitoso utilizar diferentes ferramentas que executam a mesma função.

As dinâmicas do mercado podem mudar a perspectiva que o profissional tem sobre seu trabalho. Talvez não seja tão importante assim participar de um projeto de jogo para começar a aprender a fazer os sons. O estudante, munido de todo o conteúdo que já expusemos, poderia criar os bancos de sons ou um catálogo de músicas e seguir os conselhos de Thiago Adamo e já entrar no mercado de trabalho, colocando seu portfólio *on-line* à venda.

6.5 Comunidades de desenvolvedores

Além de saber fazer, é bom que o designer de som conheça quem tem interesse em contratar seus serviços. No caso de ele não ser extremamente bem-relacionado – não tendo entre seus melhores amigos os donos da EA Sports nem parente na direção da PopCap –, segue uma lista com algumas das mais importantes comunidades de desenvolvedores do Brasil para iniciar uma rede de contatos, procurar por serviços *freelances* e, quem sabe, até um trabalho mais duradouro com registro em carteira e plano de carreira.

> 1. **Indie Game Developer Feedback (IGDF)** – Criado por Daniel Doan, o grupo conta com a presença de desenvolvedores, produtores, designers, artistas, programadores e todo tipo de profissional da área de jogos, do mundo todo. [...]
> 2. **Desenvolvimento de Jogos com Unity** – Um dos meus grupos favoritos, criado pelo professor Wiliam Nascimento, ele reúne alunos(as) dos mais variados cursos ministrados pelo Wiliam, mas também permite a entrada de qualquer desenvolvedor(a). [...].

3. **Unity Brasil** – Um grupo muito interessante onde se reúnem desenvolvedores(as) de jogos de todo o Brasil, que compartilham dúvidas, projetos, ideias e até mesmo ofertas de vagas de emprego no mercado de jogos. (Valente, 2019, grifo do original. Douglas d'Aquino – Game Designer – https://games.dougweb.com.br/desenvolvimento/as-10-melhores-comunidades-para-desenvolvedores-de-jogos-no-facebook#)

É importante compreender o caráter de cada comunidade, pois o foco do designer de som pode ser diferente da proposta do grupo. Não adianta se cadastrar na comunidade e não ler as postagens, interagir com os tópicos dos fóruns ou responder perguntas quando tiver uma opinião ou informação. É preciso comprometer-se para desfrutar de tudo o que esses grupos podem proporcionar. Não se trata de clubes sociais, mas de grupos de pessoas que estão em busca de objetivos em comum e que podem se ajudar trocando informações.

4. **Unity Course Community** – Criado pelos instrutores Ben Tristem e Rick Davidson, o grupo primariamente reúne alunos de seus cursos da Udemy, onde tiram dúvidas, trocam ideias, feedbacks e informações relevantes. [...]

5. **Game Developer Students** – Apesar no nome gringo, é um grupo brasileiro, criado por Gunnar Correa, também contém muito conteúdo da área de desenvolvimento. (Valente, 2019, grifo do original. Douglas d'Aquino – Game Designer – https://games.dougweb.com.br/desenvolvimento/as-10-melhores-comunidades-para-desenvolvedores-de-jogos-no-facebook#)

Os próximos dois grupos da lista são focados no mercado dos jogos e podem ser muito úteis para os supervisores e os gestores comerciais da equipe. Claro que, mesmo que se esteja mais focado na parte técnica do desenvolvimento, é interessante acompanhar esse tipo de grupo para se ter uma visão mais abrangente do mercado.

Isso permite entender melhor o impacto que o produto final tem no mundo.

> 6. **Indústria de Jogos** – Este é um dos grupos mais recentes que eu entrei, mas já é um dos meus favoritos. Criado pelos criadores do portal de conteúdo industriadejogos.com.br, o grupo é focado não em desenvolvimento, mas sim no mercado de jogos e na área de negócios, marketing e afins. [...]
>
> 7. **Game Marketing & Business Brasil** – Assim como o Indústria de Jogos, o grupo Game Marketing & Business Brasil é focado em conteúdo sobre o mercado, com a presença de profissionais da área de marketing, publicidade e afins que se envolvem com a indústria de jogos [...]
>
> 8. **Professional Indie Game Devs** – Este grupo também entrei recentemente e já gostei muito. Voltado para quem realmente trabalha com jogos e vive disso, ele é bastante focado nos aspectos profissionais do desenvolvimento de jogos. [...].
>
> 9. **Indie Games Brasil** – Um grupo bem interessante, onde você pode compartilhar seus projetos com outros desenvolvedores para obter feedback ou tirar dúvidas. (Valente, 2019, grifo do original. Douglas d'Aquino – Game Designer – https://games.dougweb.com.br/desenvolvimento/as-10-melhores-comunidades-para-desenvolvedores-de-jogos-no-facebook#)

O próximo grupo dá uma ideia de como gerar engajamento para o projeto. Foi criado um grupo de desenvolvimento de um jogo antes de seu lançamento, durante o processo, para criar expectativa com quem desenvolve jogos, pois este também os consome. Trata-se, então, de uma maneira muito criativa e produtiva de divulgar o produto mesmo antes de ser lançado. Não pode ser a única estratégia de marketing, mas com certeza é uma das que pode funcionar muito bem para divulgar o jogo em um nicho específico.

10. **Night is Coming Indie Game Development** – Este é o único grupo da lista que não é sobre desenvolvimento de uma forma geral, mas sobre o desenvolvimento de um jogo específico. Criado pelo russo Сергей Корнилов (eu sei, também não consigo ler o nome dele), o grupo é em inglês (ufa) e fala sobre diversos aspectos do desenvolvimento de Night is Comming, um jogo independente muito interessante. (Valente, 2019, grifo do original. Douglas d'Aquino – Game Designer – https://games.dougweb.com.br/desenvolvimento/as-10-melhores-comunidades-para-desenvolvedores-de-jogos-no-facebook#)

Portanto, deve-se participar das comunidades e entrar em fóruns e discussão para começar o quanto antes a saber de quem são os canais mais importantes e onde estão os melhores do mercado. É fundamental situar-se no mercado.

6.6 Desenho de som para jogos

Depois de tanto tratarmos do assunto de desenvolvimento de sons para os jogos, talvez este seja o momento para colocar em prática o máximo dos conhecimentos expostos.

Deve-se praticar muito. Quanto mais o profissional produzir, melhor ele será. Seguindo o ditado "Feito é melhor do que perfeito", não é necessário preocupar-se em tentar fazer tudo perfeito, mas sempre fazer o melhor possível, esforçando-se para escutar o que os contratantes estão pedindo. É melhor ter isso claro no começo do projeto e, se possível, registrar por escrito para reler quantas vezes for necessário, do que receber reclamações sendo que tudo poderia ter sido feito conforme encomendado. Isso pode também evitar que a estética tenha mudado depois de terem fornecido o *briefing*.

É essencial ser o mais profissional possível, para que cada cliente se torne fidelizado. Toda vez que um contratante é bem-tratado, ele volta.

Além disso, é importante procurar fazer amigos e parceiros de equipe. A alegria compartilhada é muito melhor do que a recompensa financeira que se gasta sozinho. Fazer algo durante anos só é possível se for feito com alegria. Os amigos no trabalho podem motivar o profissional a ir trabalhar no dia seguinte.

Por fim, se conseguir fazer tudo isso, o profissional atingirá o sucesso individual e em equipe. Ele terá seguido seus estudos até aqui – e esperamos que continue estudando e se especializando para que seu resultado seja cada vez melhor.

6.7 Fluxograma de projetos para a organização das entregas

Se o profissional tiver de liderar o projeto ou a equipe de produção sonora, deve considerar montar um fluxograma para otimizar sua gestão, as entregas e a supervisão das tarefas.

> O fluxograma de processos é uma representação gráfica que descreve os passos e etapas sequenciais de um determinado processo. Muitos estudiosos emplacam o fluxograma na lista das ferramentas da qualidade.
>
> [...]
>
> Um fluxograma de processos, essencialmente, estabelece uma relação de **início**, **meio** e **fim**. O **início** são as entradas necessária para dar um "start" no processo. O **meio** é o processo em si, ou seja, as atividades a serem realizadas para alcançar

os objetivos estabelecidos. O **fim** é representado pelas saídas do processo, isto é, os resultados esperados com as atividades executadas. (Alonço, 2017, grifo do original)

A criação do fluxograma facilita a gestão e ajuda os integrantes da equipe a visualizar as etapas do projeto. Alguns dos principais *softwares* para a criação de um fluxograma de processo são: Canva, Microsoft Excel, DIA e Microsoft Visio (Alonço, 2017).

Os *softwares* citados são apenas exemplos que oferecem recursos avançados, os quais antecipam soluções práticas, porém o fluxograma do projeto pode ser feito até mesmo em um editor gráfico.

Organizando o projeto e utilizando este material didático com a descrição de cada processo necessário para a realização da entrega, será possível fazer uma gestão simples e adequada mesmo que não haja uma equipe e o profissional seja o agente realizador de todos os processos.

O fluxograma permite fazer pequenos fechamentos diários sabendo-se que a próxima jornada de trabalho poderá começar sem que se tenha deixado algum processo em aberto. O que acontece muito nos projetos dessa natureza é que se trabalha até tarde da noite e pode-se facilmente deixar de ter um bom rendimento criativo. Por isso, é relevante analisar no fluxograma se o processo demanda mais tempo de trabalho. Se essa quantidade de tempo não for viável, o melhor é começar o processo em outro dia de expediente.

Com todas as ferramentas disponíveis e com todas as instruções já detalhadas, desejamos a todos os estudantes da área e aos profissionais iniciantes ótimos projetos de desenho de som.

CONSIDERAÇÕES FINAIS

A relevância do desenho de som vai muito além de um simples desenho e necessita de estudos e concepções relacionados à forma com que o som se desenvolve e ocorre no ambiente. Desse modo, foi sobre esses aspectos que trabalhamos ao longo dos seis capítulos da presente obra.

Nas considerações introdutórias a este livro, expusemos elementos básicos do design do som, relatando o nascimento do som e citando as ferramentas para o trabalho nessa área. Buscando superar alguns desafios, optamos por referenciar uma parcela significativa da literatura especializada e dos estudos científicos a respeito dos temas abordados. Além disso, apresentamos uma diversidade de indicações culturais para enriquecer o processo de construção de conhecimentos aqui almejado. Visando elencar os principais tópicos trabalhados, destacamos primeiramente a relação histórica do som.

Nos propusemos a analisar de forma contínua a produção sonora. Primeiramente, retratamos o que vem a ser essa produção e as noções básicas sobre a acústica, bem como os elementos importantes na composição de um som. Em seguida, detalhamos questões relacionadas ao áudio e a sua edição. Seguindo a linha da produção sonora, discutimos aspectos como compressores, *reverbs*, *delays* e canais auxiliares, identificando a importância de cada um desses componentes. Concluindo nossa abordagem, examinamos em que consiste a masterização e seu elo com os desenvolvedores.

Por fim, descrevemos os processos de desenvolvimento de um jogo, analisando a importância do áudio e as considerações do desenho de som para os jogos.

Partindo desses aportes, acreditamos que o estudo sobre o design do som vai muito além de desenhos simples e de qualidade do som, pois essa atividade faz parte de uma construção que merece ser cuidadosamente analisada.

Assim, é necessário estarmos atentos e dispostos a oferecer orientações para que qualquer brincadeira sonora assuma o caráter de uma autêntica expressão musical.

REFERÊNCIAS

ALONÇO, G. O que é fluxograma de processos? Saiba como fazer passo a passo. **Templum**, 2017. Disponível em: <https://certificacaoiso.com.br/o-que-e-fluxograma-de-processos/>. Acesso em: 5 ago. 2021.

APPLE. **Logic Pro User Guide**: Normalize Audio Files in Logic Pro. Disponível em: <https://support.apple.com/kb/PH13154?locale=en_US>. Acesso em: 12 ago. 2021.

ARANHA, G. O processo de consolidação dos jogos eletrônicos como instrumento de comunicação e de construção de conhecimento. **Ciências & Cognição**, Rio de Janeiro, v. 3, p. 21-62, nov. 2004. Disponível em: <http://pepsic.bvsalud.org/pdf/cc/v3/v3a05.pdf>. Acesso em: 2 ago. 2021.

AVANÇO, F. R.; BATISTA, F. M. R. C. A música como apoio no processo de ensino e aprendizagem. **Revista Eletrônica Científica Inovação e Tecnologia**, Medianeira, v. 8, n. 16, 2017. Disponível em: <https://periodicos.utfpr.edu.br/recit/article/download/e-4782/pdf>. Acesso em: 3 ago. 2021.

BARRETO, B. C. O áudio no mundo dos games: as várias facetas de um músico. In: SIMPÓSIO BRASILEIRO DE JOGOS E ENTRETENIMENTO DIGITAL (SBGAMES), 12., Rio de Janeiro, 2013. **Proceedings**... Rio de Janeiro: SBC, 2013. Disponível em: <http://www.sbgames.org/sbgames2013/proceedings/artedesign/58-dt-paper.pdf>. Acesso em: 2 ago. 2021.

BATISTA, M. de L. S.; LIMA, S. M. B. Desenvolvimento de jogos eletrônicos. **Revista Eletrônica da Faculdade Metodista Granbery**, Juiz de Fora, n. 7, p. 1-16, jul./dez. 2009. Disponível em: <http://re.granbery.edu.br/artigos/MzMz.pdf>. Acesso em: 5 ago. 2021.

BATTAGLIA, R. Oscar: qual a diferença entre edição e mixagem de som? **SuperInteressante**, 28 jan. 2019. Disponível em: <https://super.abril.com.br/cultura/oscar-qual-a-diferenca-entre-edicao-e-mixagem-de-som/>. Acesso em: 4 ago. 2021.

BORGES, T. Compressor de áudio: o que é, como funciona e como usar. **TiagoBorges.net**, 10 jan. 2021. Blog pessoal. Disponível em: <https://tiagoborges.net/compressor/>. Acesso em: 4 ago. 2021.

BRANDÃO, M. Automação de mixagem 101: como automatizar seu processamento para uma melhor mix. **LANDR**, 23 abr. 2018. Disponível em: <https://blog.landr.com/pt-br/automacao-de-mixagem-101-como-automatizar-seu-processamento-para-uma-melhor-mix/>. Acesso em: 5 ago. 2021.

BURGESS, R. **A arte de produzir música.** Rio de Janeiro: Gryphus, 2003.

CAGE, J. **De segunda a um ano**. São Paulo: Hucitec, 1985.

CASTRO, D. de. Primeiro filme sonoro completa 85 anos. **EBC**, 5 out. 2012. Disponível em: <https://www.ebc.com.br/cultura/2012/10/cantor-de-jazz-completa-85-anos>. Acesso em: 3 ago. 2021.

CLASSIC FM. **Danny Elfman**: The Best Film and TV Scores - from Batman to The Simpsons and Desperate Housewives. Disponível em: <https://www.classicfm.com/music-news/pictures/composer/great-works-danny-elfman/ />. Acesso em: 3 ago. 2021.

COMO funciona o equalizador. **Ossia**, 26 ago. 2016. Disponível em: <https://ossia.com.br/como-funciona-o-equalizador>. Acesso em: 4 ago. 2021.

CRESTON, P. **Principles of Rhythm**. New York: Belwin & Mills, 1964.

CRUZ, C. A. G. **Indie games e a produção de jogos no Brasil**. 91 f. Monografia (Bacharel em Comunicação) – Universidade Federal de Juiz de Fora, 2016. Disponível em: <https://www.ufjf.br/facom/files/2016/06/Indie-games-e-a-produ%c3%a7%c3%a3o-de-jogos-no-Brasil-Carolina-Almeida1.pdf>. Acesso em: 3 ago. 2021.

DÉCOURT, M. A. Masterização: algumas considerações sobre o papel do conceito no contexto atual do áudio no Brasil. **IAR – Instituto de Artes da Unicamp**, 2003. Disponível em: <https://hosting.iar.unicamp.br/disciplinas/am005_2003/masterizacao.pdf>. Acesso em: 5 ago. 2021.

DIAS, R. Como produzir áudio para games? **Produção de Jogos**, 2019. Disponível em: <https://producaodejogos.com/como-produzir-audio-para-games/>. Acesso em: 4 ago. 2021.

DIAS, T. Conheça a história do PlayStation, o console que revolucionou a indústria. **TechTudo**, 20, fev. 2013. Disponível em: <https://www.techtudo.com.br/noticias/noticia/2013/02/conheca-historia-do-playstation-o-console-que-revolucionou-industria.html>. Acesso em: 3 ago. 2021.

ELFMAN, D. Studio Chat with Danny Elfman. **Vienna Symphonic Library**, 4 abr. 2014. Entrevista. Disponível em: <https://www.youtube.com/watch?v=712ntdvBBTg>. Acesso em: 3 ago. 2021.

ENSAIO sobre a cegueira. Direção: Fernando Meirelles. Brasil; Canadá; Reino Unido; Japão; Itália: Focus Features. 2008. 121 min.

EQUIPE ÁUDIO PARA IGREJAS. Qual a diferença entre ganho e volume? **Áudio Para Igrejas**, 1° abr. 2019. Disponível em: <https://audioparaigrejas.blogspot.com/2019/04/qual-diferenca-entre-ganho-e-volume.html>. Acesso em: 4 ago. 2021.

FERNANDES, J. C. **Acústica e ruídos**. Bauru: Unesp, 2002. Disponível em: <https://www.academia.edu/34985209/Ac%C3%BAstica_e_Ru%C3%Addos>. Acesso em: 3 ago. 2020.

FERREIRA, R. R. R. da S. A utilização de digital audio workstations no ensino de música: uma proposta metodológica ativa baseada em projetos. In: CONGRESSO BRASILEIRO DE CIÊNCIAS DA COMUNICAÇÃO,42., Belém, 2019. **Anais**... Disponível em: <https://portalintercom.org.br/nacional2019/resumos/R14-1905-1.pdf>. Acesso em: 3 ago. 2021.

FRADE, R. Efeitos: delay. **Academia musical**, 3 maio 2014. Disponível em: <https://www.academiamusical.com.pt/tutoriais/efeitos-delay/>. Acesso em: 4 ago. 2021.

FRAKTAL, K. Entenda os principais tipos de reverb e dê mais profundidade a sua mix. **Alien Chaos**, 25 out. 2017. Disponível em: <https://www.alienchaosmusic.com/single-post/2017/10/25/Entenda-os-principais-tipos-de-REVERB-e-d%C3%AA-mais-mais-profundidade-a-sua-mix>. Acesso em: 4 ago. 2021.

GARCIA, G. John Cage e o silêncio. **Medium**, 2 jun. 2019. Disponível em: <https://medium.com/zumbido/john-cage-e-o-sil%C3%AAncio-a6a4078c789c>. Acesso em: 3 ago. 2021.

GIMENES, M. **O registro sonoro do piano acústico**: possibilidades e dificuldades. 14 f. Trabalho (Recursos Tecnológicos Aplicados à Produção Sonora) – Universidade Estadual de Campinas, 2004. Disponível em: <https://www.publionline.iar.unicamp.br/index.php/sonora/article/download/614/586>. Acesso em: 3 ago. 2021.

GRASEL, G. F. As melhores frases e diálogos em jogos. **Oficina da Net**, 30 mar. 2017. Disponível em: <https://www.oficinadanet.com.br/post/18685-melhores-frases-em-jogos>. Acesso em: 2 ago. 2021.

GUIA definitivo sobre interfaces de áudio. **E-Home Recording Studio**. Disponível em: <https://pt.ehomerecordingstudio.com/melhores-interfaces-de-audio/>. Acesso em: 4 ago. 2021.

HINDEMITH, P. **Treinamento elementar para músicos**. Tradução de M. Camargo Manieri. 4. ed. São Paulo: Ricordi Brasileira, 1988.

HOFFMAN, C. Buses, Aux (Return) Tracks, and Sends Explained. **Black Ghost Audio** 2 Oct. 2017. Disponível em: <https://www.blackghostaudio.com/blog/buses-auxes-sends-returns>. Acesso em: 5 ago. 2021.

IAH – INSTITUTO ANTÔNIO HOUAISS. **Houaiss corporativo**: grande dicionário. Extensão para Google Chrome. Disponível em: <https://houaiss.uol.com.br/corporativo/index.php>. Acesso em: 19 abr. 2021.

IAZZETA. F. Áudio digital. In: IAZZETA, F. **Tutoriais de áudio e acústica**. São Paulo: Departamento de Música da ECA-USP, 2008a. Disponível em: <http://www2.eca.usp.br/prof/iazzetta/tutor/audio/a_digital/a_digital.html>. Acesso em: 29 abr. 2021.

IAZZETA. F. Efeitos. In: IAZZETA, F. **Tutoriais de áudio e acústica**. São Paulo: Departamento de Música da ECA-USP, 2008b. Disponível em: <http://www2.eca.usp.br/prof/iazzetta/tutor/audio/efeitos/effx.html>. Acesso em: 4 ago. 2021.

IRIARTE, R. Compressor de áudio (tutorial completo). **Empec**, 7 de jan. 2020. Disponível em: <https://empec.com.br/compressor-de-audio-tutorial-completo/>. Acesso em: 4 ago. 2021.

"IT WAS 21 years ago today...": How the First Software DAW Came About. **KVR**, 11 fev. 2011. Disponível em: <https://www.kvraudio.com/focus/it_was_21_years_ago_today_how_the_first_software_daw_came_about_15898?fbclid=IwAR0XYzcmoehpRT8JxTPK6LZDmtQAdd-se-C_6h0HwlYvYkD_BfycrMa9Ya4>. Acesso em: 23 abr. 2021.

IZECKSOHN, S. Computadores para o home studio. **Jacarandá**, 18 jul. 2014. Disponível em: <https://jacarandatrilhas.com/2014/07/computadores-para-o-home-studio/>. Acesso em: 3 ago. 2021.

JENSEN, K. T.; COHEN, J. The 20 Best Video Game Soundtracks Ever. **PCMag**, 1º mar. 2020. Disponível em: <https://www.pcmag.com/news/the-11-best-game-soundtracks-ever/>. Acesso em: 3 ago. 2021.

KELLER, D. The Basics of Reverb. **Universal Audio**. Disponível em: <https://www.uaudio.com/blog/the-basics-of-reverb/>. Acesso em: 4 ago. 2021.

LEMES, D. O som do Mega Drive é melhor que do SNES (às vezes). **Memória BIT**, 20 abr. 2014. Disponível em: <https://www.memoriabit.com.br/o-som-do-mega-drive-e-melhor-que-do-snes-as-vezes/>. Acesso em: 3 ago. 2021.

LEMOS, K. Utilização de middlewares de áudio no desenvolvimento de jogos. **iMasters**, 20 abr. 2017. Disponível em: <https://imasters.com.br/desenvolvimento/utilizacao-de-*middleware*s-de-audio-no--desenvolvimento-de-jogos>. Acesso em: 5 ago. 2021.

LORENZI, A. Psicoacústica. **Viagem ao Mundo da Audição**, 27 dez. 2016. Disponível em: <http://www.cochlea.eu/po/som/psicoacustica>. Acesso em: 4 ago. 2021.

LOUREIRO, M. A.; PAULA, H. B. de. Timbre de um instrumento musical. **Per Musi: Revista Acadêmica de Música**, Belo Horizonte, n. 14, p. 57-81, jul./dez. 2006. Disponível em: <http://musica.ufmg.br/permusi/permusi/port/numeros/14/num14_cap_05.pdf>. Acesso em: 4 ago. 2021.

MACEDO. F. A. B. O processo de produção musical na indústria fonográfica: questões técnicas e musicais envolvidas no processo de produção musical em estúdio. **Revista Eletrônica de Musicologia**, Curitiba, v. 11, p. 1-7, set. 2007. Disponível em: <<http://www.rem.ufpr.br/_REM/REMv11/12/12-macedo-gravacao.html>. Acesso em: 4 ago. 2021.

MCALLISTER, M. 8 of the Best Reverb Plugins. **Produce Like a Pro**, 30 mar. 2019. Disponível em: <https://producelikeapro.com/blog/best-reverb-plugins/>. Acesso em: 28 abr. 2021.

MAZZEU, F. Como organizar sua sessão de mixagem em 7 passos. **Fabio Mazzeu**, 1° jun. 2017. Disponível em: <http://fabiomazzeu.com/como-organizar-sessao-de-mixagem/>. Acesso em: 5 ago. 2021.

MAZZEU, F. **Produtor musical**: o que faz e por que é importante para um CD? 2018. Disponível em: <http://fabiomazzeu.com/produtor-musical/>. Acesso em: 3 ago. 2021.

MAZZEU, F. Tratamento acústico para home studio: o guia completo para iniciantes. **Fabio Mazzeu – Áudio Blog**, 22 set. 2016. Disponível em: <http://fabiomazzeu.com/tratamento-acustico-para-home-studio/>. Acesso em: 22 abr. 2021.

MEDEIROS, A. O que significa VST e VSTI? **Alataj**, 24 nov. 2014. Disponível em: <https://alataj.com.br/dicas-de-producao/o-que-e-vst-e-vsti>. Acesso em: 20 abr. 2021.

MELO, F. de. Teoria dos afetos. **História da Música**, 13 jul. 2011. Disponível em: <http://historiadamusica2011.blogspot.com/2011/07/teoria-dos-afetos-teoria-dos-afetos.html>. Acesso em: 5 ago. 2021.

MENDONÇA, R. de S. **Jogos eletrônicos como meio de produção de conhecimento**. 66 f. Projeto Final (Bacharelado em Biblioteconomia) – Universidade Federal do Rio de Janeiro, Rio de Janeiro, 2014. Disponível em: <https://pantheon.ufrj.br/bitstream/11422/251/1/TCC%20-%20Rafael%20de%20Souza%20Mendon%C3%A7a.pdf>. Acesso em: 2 ago. 2021.

MIXAGEM: aprenda o básico pra você começar a mixar. **Magroove**, 25 dez. 2019. Disponível em: <https://magroove.com/blog/pt-br/mixagem/>. Acesso em: 4 ago. 2021.

NOCKO, C. **Produções de áudio**: fundamentos. Curitiba: Secretaria de Estado da Educação, 2011. (Série Cadernos Temáticos). Disponível em: <http://www.educadores.diaadia.pr.gov.br/arquivos/File/pdf/tematicos_producoesaudio.pdf>. Acesso em: 3 ago. 2021.

NORIEGA, P. Diretor de dublagem e técnico de áudio, a dupla dinâmica da dublagem. **Traduzindo a Dublagem**, 16 jun. 2019. Disponível em: <http://www.traduzindoadublagem.com/diretor-de-dublagem--e-tecnico-de-audio-dublagem/>. Acesso em: 4 ago. 2021.

OLIVEIRA, L. S. de. A importância da música na educação infantil. **Brasil Escola**. Disponível em: <https://monografias.brasilescola.uol.com.br/pedagogia/a-importancia-musica-na-educacao-infantil.htm>. Acesso em: 3 ago. 2021.

OPOLSKI, D. R. **Análise do design sonoro no longa-metragem Ensaio sobre a cegueira**. 2009. 111 f. Dissertação (Mestrado) – Pós-Graduação em Música, Universidade Federal do Paraná, Curitiba, 2009. Disponível em: <https://acervodigital.ufpr.br/bitstream/handle/1884/19870/Dissert_Debora%20Opolski%20completa.pdf?sequence=1&isAllowed=y>. Acesso em: 4 ago. 2021.

PALOMBINI, C. A música concreta revisitada. **Revista Eletrônica de Musicologia**, Curitiba, v. 4, jun. 1999. Disponível em: <http://www.rem.ufpr.br/_REM/REMv4/vol4/art-palombini.htm>. Acesso em: 4 ago. 2021.

RABELO, T. Conheça o mundo secreto do Foley. **Moviement**, 17 jun. 2016. Disponível em: <https://revistamoviement.net/o-mundo-secreto-do-foley-51555be560f/>. Acesso em: 4 ago. 2021.

RIMSKY-KORSAKOV, N. **Principles of Orquestration**: with Musical Examples Drawn From his Own Works. New York: Dover Publications, 1964.

RODRIGUES, R.; MORAES, U. Q. de. A edição de som e sua relevância na narrativa fílmica. **O Mosaico**, Curitiba, n. 10, p. 102-115, jul./dez. 2013. Disponível em: <http://periodicos.unespar.edu.br/index.php/mosaico/article/download/279/pdf_14>. Acesso em: 3 ago. 2021.

RUMLE, O. Design de som para jogos. **Steel Series For Glory**, 3 ago. 2018. Entrevista concedida a Jakob. W. Poulsen. Disponível em: <https://br.steelseries.com/blog/bitglobe-game-sound-design-56>. Acesso em: 5 ago. 2021.

RUSSEL, J. The 15 Best VST Plugins in the World Right Now (Including Free Ones). **Loopmasters**. Disponível em: <https://www.loopmasters.com/articles/4373-The-15-Best-VST-Plugins-in-the-World-Right-Now-Free-Ones-Included>. Acesso em: 3 ago. 2021.

SACKS, O. **Alucinações musicais**: relatos sobre a música e o cérebro. São Paulo: Companhia das Letras, 2007.

SCHAFER, R. M. **A afinação do mundo**: uma exploração pioneira pela história passada e pelo atual estado do mais negligenciado aspecto de nosso ambiente – a paisagem sonora. São Paulo: Ed. da Unesp, 2001.

SCHAFER, R. M. **O ouvido pensante**. São Paulo: Ed. da Unesp, 1991.

SCHIEFER, T. Como ser um compositor/sound designer para games? Um guia para iniciantes (parte 3). **Academia de Composição**, 20 de maio de 2020. Disponível em: <https://academiadecomposicao.com/2020/05/20/como-ser-um-compositor-sound-designer-para-games-um-guia-para-iniciantes-parte-3/>. Acesso em: 5 ago. 2021.

SILVA, P. R. P. da. Batucada: **Um lego rítmico**. 26 f. Trabalho de Conclusão de Curso (Inteligência Artificial) – Universidade Federal de Pernambuco, Recife, 1999. Disponível em: <http://www.di.ufpe.br/~tg/1999-1/prps.doc>. Acesso em: 3 ago. 2021.

TANAKA, A. Y.; BARBOSA, E. R.; KIMURA, R. S. Y. **Análise de qualidade de áudio objetiva e subjetiva em vários formatos digitais**, 2017. 143 f. Trabalho de Conclusão de Curso (Graduação em Engenharia Elétrica) – Universidade Tecnológica Federal do Paraná, 2017. Disponível em: <https://repositorio.roca.utfpr.edu.br/jspui/bitstream/1/15551/1/CT_COELE_2017_2_30.pdf>. Acesso em: 5 ago. 2021.

TECLAS & AFINS. Controladores MIDI. **TeclaCenter**, 23 maio 2016. Disponível em: <https://www.teclacenter.com.br/blog/controladores-midi/>. Acesso em: 3 ago. 2021.

THE SECRET to Compressor Attack and Release Time. **Mastering the Mix**, 22 Jan. 2020. Disponível em: <https://www.masteringthemix.com/blogs/learn/the-secret-to-compressor-attack-and-release-time>. Acesso em: 4 ago. 2021.

TOKYO DAWN RECORDS. **TDR Feedback Compressor II**. Disponível em: <https://www.tokyodawn.net/tdr-feedback-compressor-2/>. Acesso em: 25 jun. 2021a.

TOKYO DAWN RECORDS. **TDR Nova**. Disponível em: <https://www.tokyodawn.net/tdr-nova//>. Acesso em: 25 jun. 2021b.

TREINAMENTO auditivo. **Instituto Ganz Sanchez**. Disponível em: <http://www.institutoganzsanchez.com.br/treinamento-auditivo>. Acesso em: 4 ago. 2021.

VALENTE, D. d'A. As 10 melhores comunidades para desenvolvedores de jogos no Facebook. **Divi**. Disponível em: <https://games.dougweb.com.br/desenvolvimento/as-10-melhores-comunidades-para-desenvolvedores-de-jogos-no-facebook>. Acesso em: 5 ago. 2021.

VON K., J. Best Delay VST Plugins: the Definitive List [2021]. **101 Audio**, 14 Jan. 2021a. Disponível em: <https://101audio.com/best-delay-vst-plugins/>. Acesso em: 3 ago. 2021.

VON K, J. Best Orchestral VST Plugins: the definitive List – [2021]. **101 Audio**, 6 Jan. 2021b. Disponível em: <https://101audio.com/best-orchestral-vst-plugins/>. Acesso em: 20 abr. 2021.

WISNIK, J. M. **O som e o sentido**: uma outra história das músicas. São Paulo: Companhia das Letras; Círculo do Livro, 1989.

SOBRE OS AUTORES

Ben-Hur Lima Pinto é músico formado pela Universidade Federal do Paraná (UFPR). Já trabalhou como produtor musical e técnico de mixagem no estúdio O Alvo. Foi professor de Música nas escolas Cantabile e Magê Molê e professor voluntário na comunidade evangélica Manancial. Já participou de projetos de desenho de som para longas-metragens, curtas-metragens, animações e diversos álbuns musicais. Atualmente, é produtor musical e professor de Música do *site* Super Prof.

Camila Freitas Sarmento é graduada em Tecnologia em Telemática pelo Instituto Federal de Educação, Ciência e Tecnologia da Paraíba (IFPB) e é mestre em Ciência da Computação pela Universidade Federal de Campina Grande (UFCG). Atualmente, é analista de informática – programadora *web* no Instituto Senai de Tecnologia em Automação Industrial (IST) e atua como professora substituta no IFPB. Tem experiência na área de Ciência da computação, com ênfase em desenvolvimento *web* e interação homem-computador.

Os livros direcionados ao campo do design são diagramados com famílias tipográficas históricas. Neste volume foram utilizadas a **Times** – criada em 1931 por Stanley Morrison e Victor Lardent para uso do jornal The Times of London e consagrada por ter sido, por anos, a fonte padrão do Microsoft Word – e a **Roboto** – desenhada pelo americano Christian Robertson sob encomenda da Google e lançada em 2011 no Android 4.0.

Impressão:
Agosto/2021